电子信息材料与器件系列规划教材

电子科学与技术专业实验教材系列丛书

电子设计自动化技术实践

谢小东　编著

杜　涛　审校

科学出版社

北　京

内容简介

本书相较于市面上其他同类教材，在内容上有两个特点：系统介绍了电子设计自动化技术实现的硬件平台原理，即 FPGA 原理和 FPGA 开发平台原理；按照学生对电子设计自动化技术的自然认知顺序安排章节内容。从电子设计自动化技术的方法、流程开始，继而讲述实现电子设计自动化技术的硬件原理、软件流程、硬件描述语言（工具），并与时俱进地加入了常见的 IP 应用，然后按照由浅入深的顺序，安排了基础实验案例，系统实验案例，最后讲述设计进阶技术，提升读者的设计水平。本书的实验案例均为课程组在教学中采用的案例，对读者的综合设计能力能起到很好的训练作用。

本书适用于电子科学与技术，特别是微电子科学与工程、微电子学、集成电路与集成系统等专业的师生使用。

图书在版编目(CIP)数据

电子设计自动化技术实践 / 谢小东编著. — 北京：科学出版社，2020.6

电子信息材料与器件系列规划教材

ISBN 978-7-03-061163-5

Ⅰ.①电⋯ Ⅱ.①谢⋯ Ⅲ.①电子电路-电路设计-计算机辅助设计-教材 Ⅳ.①TN702.2

中国版本图书馆 CIP 数据核字 (2019) 第 081365 号

责任编辑：张　展　黄明冀 / 责任校对：彭　映
责任印制：罗　科 / 封面设计：墨创文化

科学出版社 出版

北京东黄城根北街16号
邮政编码：100717
http://www.sciencep.com

四川煤田地质制图印刷厂印刷
科学出版社发行　各地新华书店经销

*

2020 年 6 月第　一　版　开本：B5（720×1000）
2020 年 6 月第一次印刷　印张：16.5
字数：333 000

定价：59.00 元
（如有印装质量问题，我社负责调换）

《电子科学与技术专业实验教材系列丛书》
编委会

主　编　张怀武

副主编　陈万军　贾利军

编　委（以姓氏笔画为序）

　　　　王京梅　　韦　敏　　刘颖力

　　　　苏　桦　　杜　涛　　李　波

　　　　陈宏伟　　胡永达　　袁　颖

　　　　蒋晓娜　　谢小东

前　　言

随着微电子技术的发展，集成电路的集成度越来越高，集成电路的设计规模和难度也越来越大。电子设计自动化(electronic design automation，EDA)技术在此背景下应运而生。EDA 技术主要指利用计算机软件工具完成从电路输入、逻辑综合、工艺映射、布局布线到物理实现等电子电路设计全流程的综合性技术。EDA 技术大大减轻了设计人员的工作量，可以使设计人员更多地把精力和时间放在电路的架构设计上，而把具体的实现工作交由计算机自动完成，从而大大提高了电路设计的效率。

作为一门应用技术，EDA 技术非常注重实践。而一本好的 EDA 技术实践指导书如同一枚指南针，可以指引读者轻松步入 EDA 技术的殿堂。市面上关于 EDA 技术的书目很多，或长于硬件描述语言的研究，或长于可编程逻辑器件体系结构的探索，或精于软件工具的使用，或精于设计案例的实现……，基本上是将 EDA 技术进行分块，挑选出某一区块进行精耕细作。而专注于 EDA 技术实践指导的图书多聚焦在软件工具的使用上。很多读者对 EDA 技术原理缺乏了解，往往有"知其然，不知其所以然"的感觉。特别是近年来，很多高校实行了课程改革，实践教学自成体系，学生没有选修 EDA 技术理论课程就直接进行 EDA 技术实践学习的情况十分常见。这就需要一本全面介绍 EDA 技术，但又侧重实践环节的书籍来提供参考。

本书虽名为电子设计自动化技术实践，但仍努力从认知的逻辑角度勾勒出 EDA 技术的"三段论"，即 EDA 技术是什么？EDA 技术为什么可以实现电路设计？如何利用 EDA 技术进行电路设计？当然，本书的侧重点还是落在 EDA 技术的应用实践上。

此教程是在课程组多年沿用的"EDA 实验指导讲义"基础上扩展而成。其行文逻辑顺序如下：电子设计自动化技术简介-FPGA(现场可编程逻辑阵列)及其开发平台实现原理-开发环境、输入语言及 IP(知识产权)核-基础实验案例-系统实验案例-设计进阶。

具体的章节安排如下：

第1章，介绍EDA技术的定义，设计方法，回答"EDA技术是什么？"的问题。本书主要阐述基于FPGA实现的EDA设计流程。很自然地，读者就会问，FPGA是什么？它为什么能实现电路设计？

第2章，主要介绍FPGA的基本结构、原理、特点，就是为了回答读者在第1章可能存在的疑问。读者接下来就会问，FPGA能实现核心控制逻辑，那么电子系统中如按键输入、显示等其他组件怎么实现呢？

第3章，主要介绍以FPGA为核心器件的硬件开发平台的电路原理、结构。到此，基本上回答了读者"EDA技术是什么？"及"EDA技术为什么可以实现电路设计？"这两个问题。接下来，就该回答"如何利用EDA技术进行电路设计？"这个问题了。

第4章，主要介绍EDA开发设计流程，着重介绍主流的EDA开发软件，包括FPGA集成开发环境ISE、Quartus II、逻辑仿真软件ModelSim及在线逻辑分析仪ChipScope。

有了软件工具，那如何让软件知晓电路设计构架呢？第5章主要介绍VHDL和Verilog HDL这两种设计输入语言，由于本书不侧重讲解语法，只是将常见的语法做一些归纳整理。设计输入除了硬件描述语言之外，IP核在EDA设计中也普遍采用，因此第6章介绍IP的应用。

第6章主要介绍DCM(数字时钟管理器)、FIFO(先进先出)存储器、ROM(只读存储器)、DSP(数字信号处理)、微处理器核等常见IP的生成及应用。总之，第4、5、6章主要回答"如何进行EDA开发？"的问题。

明白了"如何进行EDA开发？"，这就该动手实践了。第7章通过12种常见的基础实验案例，引导读者动手进行EDA开发实验，这些案例的安排遵循先易后难的认知规律。

第8章，安排三个有一定难度的系统级实验案例，读者可以综合应用在第7章掌握的技能来进行实现。建议读者先试着自己独立完成，之后才参考本书给出的源程序。

考虑到读者在做完第8章的系统设计之后，对EDA技术有了一定掌握，是时候将读者引入EDA设计的中高级殿堂，而这正是第9章的任务。通过探讨时序、时钟管理、高速设计等几个话题，让读者产生"山外有山"之感，从而继续在EDA技术这门博大精深的技术上进行探索。

本书在编写过程中参考了许多学者的著作，在此向各位前辈致以崇高敬意和衷心感谢。

在该书的编撰过程中，戴婵媛、任宇波、阳至瞻、张曦文、资典、张振翼等同学进行了大量艰苦的案例设计及验证工作，张黛梦同学在文字整理上付出了十分艰辛的劳动。李平、王忆文两位教授对本书的结构进行了细致的指导，并审阅了全书，提出了很多宝贵意见，在此一并表示衷心感谢！

由于作者水平及时间都有限，观点偏颇及表达不妥之处在所难免，敬请读者批评指正。

作者

2018 年 10 月

目　　录

第1章　绪论 ··· 1
　1.1　专用集成电路与可编程逻辑器件 ····································· 1
　　1.1.1　专用集成电路的特点 ··· 1
　　1.1.2　可编程逻辑器件的特点 ·· 2
　1.2　TOP-DOWN 设计 ·· 3
　1.3　本书的主要结构 ··· 5
第2章　FPGA 介绍 ··· 7
　2.1　FPGA 基本结构 ·· 7
　2.2　FPGA 基本原理 ·· 14
　2.3　FPGA 的应用 ·· 14
　2.4　FPGA 基本特点 ·· 15
　2.5　FPGA 芯片介绍 ·· 16
　　2.5.1　Xilinx FPGA ·· 16
　　2.5.2　Altera FPGA ··· 18
第3章　FPGA 硬件实验平台 ·· 21
　3.1　EDA 实验开发板概述 ··· 21
　　3.1.1　核心板资源 ··· 21
　　3.1.2　核心板实物图 ··· 22
　　3.1.3　扩展底板资源 ··· 22
　　3.1.4　扩展底板实物图 ·· 23
　3.2　实验平台基本功能块 ··· 23
　　3.2.1　PROM 配置电路 ·· 23
　　3.2.2　电源电路 ··· 24
　　3.2.3　I2C 串行 EEPROM AT24C08 ···································· 24
　　3.2.4　时钟和复位电路 ·· 25
　　3.2.5　数码管显示模块 ·· 26
　　3.2.6　LED 显示模块 ··· 27

  3.2.7 拨码开关 ··· 28
  3.2.8 独立按键 ··· 28
  3.2.9 蜂鸣器驱动模块 ·· 28
  3.2.10 有源晶振模块 ·· 30
  3.2.11 温度传感器电路 ··· 30
  3.2.12 串行 DA、AD 电路 ·· 30
  3.2.13 RS232 接口模块 ··· 32
  3.2.14 JTAG 接口 ·· 32
  3.2.15 VGA 接口电路 ··· 33
  3.2.16 PS/2 键盘、鼠标接口 ··· 34
  3.2.17 液晶 1602 与 12864 显示接口电路 ··· 34
  3.2.18 I/O 资源 ··· 35
  3.2.19 实时时钟电路 ·· 35

第 4 章　EDA 开发设计流程 ··· 36
 4.1 ISE 软件的使用 ·· 36
  4.1.1 启动 ISE ··· 36
  4.1.2 创建项目工程(Project) ·· 37
  4.1.3 功能仿真 ··· 40
  4.1.4 原理图仿真 ·· 45
  4.1.5 综合(Synthesize) ··· 51
  4.1.6 用户约束(User Constraints)——定义输入输出管脚约束 ············· 52
  4.1.7 设计实现(Implement Design) ·· 53
  4.1.8 下载配置 ··· 54
  4.1.9 时序分析 ··· 64
 4.2 Quartus II 软件的使用 ··· 68
 4.3 ModelSim 软件的使用 ·· 79
 4.4 在线逻辑分析仪 ChipScope 的使用 ·· 90
  4.4.1 ChipScope Pro 简介 ·· 90
  4.4.2 ChipScope Pro 使用 ·· 91

第 5 章　硬件描述语言简介 ·· 102
 5.1 VHDL ·· 102
  5.1.1 VHDL 程序结构 ··· 102
  5.1.2 VHDL 要素 ··· 108

5.1.3 VHDL 基本语句 ·············· 114
5.2 Verilog HDL ·················· 126
5.2.1 Verilog HDL 程序结构 ········ 126
5.2.2 Verilog HDL 的语言规则 ······ 126

第6章 IP 在 FPGA 设计中的应用 ········ 132
6.1 使用 DCM 产生时钟信号 ·········· 132
6.2 生成异步 FIFO ················ 141
6.3 使用 BMG 生成只读存储器 ········ 150
6.4 使用 DSP 硬核产生正弦信号 ······ 161
6.5 Xilinx MicroBlaze 软核的使用 ···· 165

第7章 基础设计实验 ················ 175
7.1 与非门的实现 ·················· 175
7.2 译码器的实现 ·················· 181
7.2.1 3-8 译码器的实现 ··········· 182
7.2.2 七段译码器的实现 ··········· 185
7.3 编码器的实现 ·················· 187
7.4 多路选择器与多路分配器的实现 ···· 189
7.5 三人表决器 ···················· 192
7.6 比较器的实现 ·················· 193
7.7 双向总线驱动器的实现 ·········· 195
7.8 存储器的实现 ·················· 196
7.8.1 ROM 的实现 ················ 197
7.8.2 RAM 的实现 ················ 198
7.9 移位寄存器的实现 ·············· 199
7.10 同步可逆计数器的实现 ·········· 201
7.11 分频器的实现 ·················· 203
7.12 状态机的设计 ·················· 205

第8章 系统设计实验 ················ 211
8.1 乐曲演奏器的实现 ·············· 211
8.2 UART 串口通信实验 ············ 216
8.3 基于 FIFO 的串口发送机设计 ······ 225

第9章 FPGA 应用设计进阶 ·········· 230
9.1 时序电路回顾 ·················· 230

     9.1.1 触发器常用时序参数 ………………………………………… 230
     9.1.2 时序电路工作条件 …………………………………………… 231
  9.2 高速设计 ……………………………………………………………… 232
     9.2.1 流水线技术 …………………………………………………… 232
     9.2.2 多驱动技术 …………………………………………………… 240
  9.3 时钟可靠设计 ………………………………………………………… 241
     9.3.1 时钟精度 ……………………………………………………… 241
     9.3.2 同步设计 ……………………………………………………… 242
     9.3.3 复位信号设计 ………………………………………………… 245
     9.3.4 跨时钟域 ……………………………………………………… 248
参考文献 ………………………………………………………………………… 251

第 1 章 绪 论

随着电子设计自动化技术的不断发展,数字集成电路设计工程师们早已摆脱了通过一个个门电路来手动搭建数字电路的繁重工作,走出了数字集成电路设计的"蒙昧期"。结合硬件描述语言(hardware description language,HDL)及不同的 EDA 工具,数字电路设计已经将人脑与计算机紧密联系在一起。从 20 世纪 80 年代至今,EDA 技术已经发展了近四十年,从硬件描述语言(或图形输入工具)到逻辑仿真(logical simulation)工具,从逻辑综合(logic synthesis)到自动布局布线(auto plane & route)系统,从物理规则检查(DRC & ERC)和参数提取后的版图与电路图一致性检查(layout versus schematic,LVS)到芯片的最终测试,EDA 工具几乎涵盖了现代 IC 设计的各个方面,可以说,没有 EDA 工具,就没有现代 IC 设计。

1.1 专用集成电路与可编程逻辑器件

在实际设计数字电路的过程中,电路往往可以通过两种方式来实现,即专用集成电路和可编程逻辑器件。

专用集成电路(application specific integrated circuit,ASIC)的厂商往往会完成电路功能的全套设计。一旦出厂,电路功能就已经完全确定、不可更改。例如常见的 CPU、GPU、声卡、ADC、运算放大器,都属于 ASIC。

可编程逻辑器件与专用集成电路不同,厂商并没有将电路功能完全定义,用户可以通过 HDL 语言对其电路功能进行重新定义。在实际开发过程中,常见的可编程逻辑器件包括现场可编程门阵列(field programmable gate array,FPGA)与复杂可编程逻辑器件(complex programmable logic device,CPLD)两种。由于底层结构差异,CPLD 在时序电路上的表现相比 FPGA 有较大差距,目前,FPGA 的发展日渐昌盛,逐渐占领了 CPLD 的大部分市场,仅在部分特殊领域才能看到 CPLD。

1.1.1 专用集成电路的特点

专用集成电路只针对特定的用户进行设计。在设计电路的过程中必须根据实际版图进行掩膜版加工、流片等一系列流程，最终通过封装、测试等得到产品。专用集成电路 EDA 设计的起点为 HDL 代码描述，终点为生成后端版图。

ASIC 的优点如下：

(1)对于 ASIC，成本主要在于掩膜版制版，一旦完成制版，后期费用并不高。因此，销量越大，单个芯片平均成本越低。对于大规模量产的芯片，ASIC 的价格优势较为突出。

(2)ASIC 功能相对专一，不用考虑可编程性，因此当实现同样的电路功能时，ASIC 的电路结构往往更简单，延迟更低，频率更高，速度更快。

(3)ASIC 往往是专用电路，因此在单个芯片内不仅可以设计数字电路，还可以设计模拟电路、功率输出电路、传感器电路等多种多样的电路，组成片上系统（system on chip，SOC）。FPGA 厂商目前虽然也在不断尝试向 FPGA 芯片中集成不同的模块，但是考虑到通用性及成本，很多电路仍无法集成。

ASIC 的缺点如下：

(1)制版费用很高，即使多个项目分摊同一掩膜版制版费且销量很高，资金投入仍然不是一个小数目。

(2)ASIC 一旦流片，功能几乎不可更改，因此研发失败的风险很大。一旦失败，几乎没有挽回的余地。

(3)ASIC 开发需要进行流片，这大概需要 1~2 个月的时间。因此，其研发周期较长。

1.1.2 可编程逻辑器件的特点

可编程逻辑器件主要包括 FPGA 和 CPLD，这二者都是厂商已经设计好的，完成了流片、封装、测试的可编程集成电路。用户可以通过 EDA 软件将自己的电路设计转换成 FPGA 配置文件并下载到芯片内部，使得 FPGA 芯片或者 CPLD 芯片实现相应的功能。

以 FPGA 为例，可编程逻辑器件的优点如下：

(1)FPGA 开发是基于现成的软件开发环境及硬件平台，因此从 HDL 代码设计到硬件物理实现，得到实际电路，资金投入很低。

(2)当使用 FPGA 进行开发时，得到实际样片只需将设计好的电路转化为配置文件下载到 FPGA 芯片中即可，因此大大缩短了研发周期。

(3)FPGA 芯片可以多次编程与擦除，因此研发人员可以不断修改电路结构，实现不同的功能。这也使得 FPGA 芯片在协议变化较快的通信领域变得相当常见。

(4)FPGA 绝大多数 I/O 口均是可编程的，因此数据吞吐量可以与 ASIC 中的 GPU 相当。同时由于其可编程特性，其在深度学习领域被普遍看好。

以 FPGA 为例，可编程逻辑器件的缺点如下：

(1) 常见 FPGA 芯片单片售价相对较高，因此基于 FPGA 设计的集成电路成本较高，不适合大规模使用。当然，一些小规模低功耗 FPGA 芯片单片成本也不算特别高，在手机、平板等高端消费领域也有应用，但是并不常见。

(2) FPGA 中嵌入的 IP 均为常见 IP，对于传感器及很多模拟电路、功率输出电路等并未进行嵌入，因此对于有特殊要求的用户需要外挂其他芯片。

综上所述，专用集成电路和可编程逻辑器件各有优劣，因此二者也分别在不同的领域有着广泛的应用。现今，二者应用场景的重叠部分正越来越大。英特尔在收购 Altera 后，正在努力将高性能 CPU 核心、射频电路和 FPGA 进行集成，而 Xilinx 公司的 Zynq 系列 FPGA 芯片也集成了相应的 ARM 核心，并且在 ISE、Vivado 等工具中集成了 EDK 平台和 SDK 平台。虽然现在来看 ASIC 和 FPGA 混合并没有在主流市场取得特别大的份额，但是相信其在不久的未来会有较为可观的应用场景。

1.2 TOP-DOWN 设计

在结合 EDA 工具后，集成电路设计变得更加程序化、流程化，因此集成电路设计的分工也越来越明确。因此，自底向上(BOTTOM-UP)设计也就应运而生。TOP-DOWN 设计又称自顶向下设计或者正向设计，它是相对于 BOTTOM-UP 设计或者逆向设计而提出的。

逆向设计，即从底层电路开始进行电路设计。自底向上设计的方法往往是先对已有电路进行一层一层的清洗、拍照；然后将其中的电路逻辑提取出来，进行仿真、功能验证；最后结合原来的或者客户要求的工艺库绘制版图，完成芯片设计。对于规模不大的模拟电路、数模混合电路及中小规模的数字集成电路，逆向设计尚有一定可行性，但是对于目前规模越来越大的数字电路，尤其是金属互联大于 5 层的集成电路，逆向设计的工作量及复杂程度已经使得其可行性越来越低。

与自底向上设计不同，自顶向下设计要求设计人员在充分理解客户需求的情况下，先使用 HDL 语言或者其他手段对电路进行功能级或行为级描述，这个阶段开发人员需要通过功能级/行为级描述对电路进行架构设计。在完成电路架构设计后，开发人员需要使用 HDL 语言将不同功能模块进行寄存器传输级(register transfer level, RTL)描述。寄存器传输级描述是自动逻辑综合工具可以直接综合的代码，综合工具可以将其直接转化成门级网表。对于 ASIC 设计人员，他们需要使用布局布线工具进一步将网表转化为后端版图，而对于可编程逻辑器件开发人员，则需要利用专用的软件开发工具结合专门的可编程逻辑器件进行布局布线，最后将配置文件下载到可编程逻辑器件中完成设计。

如图 1-1 所示，TOP-DOWN 设计主要有四个阶段，分别为行为级描述、寄存器传输级描述、逻辑综合和物理实现过程。

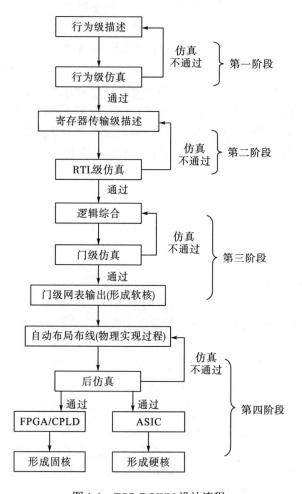

图 1-1　TOP-DOWN 设计流程

行为级描述是设计人员对电路整体进行的最顶层的设计，这个阶段设计人员主要考虑的是电路的功能需求及大致的电路架构，如真值表、状态图、状态转移/输出表、数据流图或者 HDL 代码行为描述均属于这个阶段的电路设计。

寄存器传输级描述又称数据流级描述。由于综合工具无法综合抽象度太高的代码，所以在这个阶段电路设计人员需要确定每个功能模块具体的实现算法或实现方式，然后通过基础的功能模块，如基本逻辑门、寄存器、计数器、多路复用器、加法器、乘法器等模块搭建电路内部的数据通路，完成电路设计。

该阶段的设计结合了底层电路的设计思想，比较具象化，因此使综合工具可以直接综合。

逻辑综合主要是通过逻辑综合工具将 RTL 级代码综合成与底层器件、工艺相关的门级网表。在该阶段，ASIC 会转化成基础门、触发器、锁存器等电路单元构成的电路，而 FPGA 电路则会转化为查找表、多路复用器、触发器、硬核 IP 构成的电路。在该阶段，设计人员可以通过仿真及时序分析来验证电路的功能及性能。

物理实现过程对于可编程逻辑器件和 ASIC 则完全不同。以 FPGA 为例，由于查找表、触发器等基本元器件都是在 FPGA 芯片中实际存在的，所以布局布线工具只需要结合具体的 FPGA 型号，使用实际存在的逻辑单元进行布局布线，然后生成 FPGA 配置文件即可。在该阶段，设计人员可以介入，但是其自动化程度也是很高的。对于 ASIC，自动布局布线工具将门级网表转化为版图文件后，设计人员还需提取电路寄生参数并进行后仿真。如果寄生参数不符合要求或者后仿真结果与前仿真不一致，则必须人为介入进行调整。

通过以上的介绍不难看出，TOP-DOWN 设计目前成为大规模、超大规模集成电路设计的主要设计方式，是有其难以取代的优势的。首先，TOP-DOWN 设计方向性更明确，在设计早期就能发现电路系统中可能存在的问题，使得电路设计的成功率大大提高；其次，TOP-DOWN 设计要求设计人员对需求有较深理解，因此更易于进行系统划分及任务分配，使得大量设计人员可以参与同一款芯片的开发，使电路规模进一步扩大成为可能；最后，在 TOP-DOWN 设计的过程中，设计人员可以通过设计共享来减少重复工作、精简设计人员、提高设计效率、缩短研发周期。

1.3 本书的主要结构

本书将以 FPGA 为例，着重介绍基于可编程逻辑器件的正向开发流程，并对部分实验进行讲解。

第 2 章 FPGA 介绍，主要介绍 FPGA 内部电路结构及 FPGA 芯片是如何实现不同的电路功能的。同时还将介绍目前市面上较为常见的 FPGA 产品。

第 3 章 FPGA 硬件实验平台，将介绍本书实验所采用的 FPGA 开发板的基本信息，包括 FPGA 芯片、配置芯片及部分板载资源。

第 4 章 EDA 开发设计流程，将主要介绍 Xilinx 公司的 ISE 软件的使用及开发流程。同时，将简单介绍 ModelSim 软件和 Altera 公司 Quartus II 软件的使用。

第 5 章硬件描述语言简介，将介绍主流的两种语言——VHDL 语言与 Verilog HDL 语言的基本语法与使用方式。

第 6 章 IP 在 FPGA 设计中的应用，将介绍几个在 FPGA 设计中使用频率较高的 IP 核的调用方法，其中以 PLL、FIFO 等硬核为主，软核主要介绍 MicroBlaze 处理器核心的使用。

第 7 章基础设计实验，主要介绍数字集成电路中常见的基础功能模块的设计。通过基础功能模块设计，读者可以熟悉 FPGA 开发流程并对软件环境进行一定了解。

第 8 章系统设计实验，引入较为复杂的电路的设计。在本章，将大量使用基础电路功能块完成较大功能模块的设计，同时读者可以对常见电路功能模块有所了解。

第 9 章 FPGA 应用设计进阶，将重新回到最基础的电路模块，从最底层电路分析，简单介绍常见的电路性能优化方式及电路设计可能遇到的问题，并提出常见的解决方案。

第 2 章　FPGA 介绍

2.1　FPGA 基本结构

FPGA 是什么？FPGA 即现场可编程门阵列，它是在 PAL、GAL、CPLD 等可编程逻辑器件的基础上进一步发展的产物。它是作为专用集成电路领域中的一种半定制电路出现的，既解决了定制电路的不足，又克服了原有可编程逻辑器件门电路数不足的缺点。

为了更好地学习这本实践教程，一开始需要对 FPGA 硬件实验平台有一个初步的了解。FPGA 硬件实验平台主要用于数字系统逻辑功能基于 FPGA 设计实现的硬件检测。FPGA 由 7 部分组成，分别为可编程输入/输出单元(input/output block，IOB)、可编程逻辑单元(configurable logic block，CLB)、数字时钟管理(digital clock manager，DCM)模块、嵌入式块 RAM、丰富的布线资源、底层嵌入功能单元和内嵌专用硬核等，如图 2-1 所示。

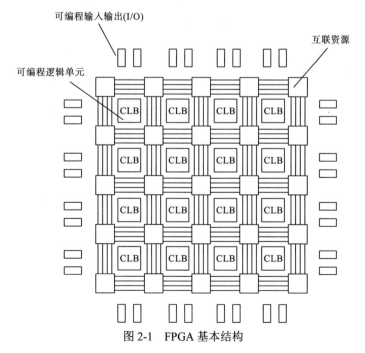

图 2-1　FPGA 基本结构

1. 可编程输入/输出单元

目前,大多数 FPGA 的 I/O 单元被设计为可编程模式,可编程 I/O 单元,是芯片与外界电路的接口部分,完成不同电气特性下对输入/输出信号的驱动与匹配要求。FPGA 内的 I/O 按组分类,每组都能独立地支持不同的 I/O 标准。通过软件的灵活配置,可适应不同的电气标准与 I/O 物理特性;可以调整匹配阻抗特性、上下拉电阻;可以调整输出驱动电流的大小等。目前,I/O 口的频率也越来越高,一些高端的 FPGA 通过 DDR 寄存器技术可以支持高达 2Gbps 的速率。

外部输入信号可以通过 IOB 模块的存储单元输入到 FPGA 的内部,也可以直接输入 FPGA 内部。当外部输入信号经过 IOB 模块的存储单元输入到 FPGA 内部时,其保持时间的要求可以降低,通常默认为 0。

为了便于管理和适应多种电器标准,FPGA 的 IOB 被划分为若干组(bank),每个 bank 的接口标准由其接口电压 V_{CCO} 决定,一个 bank 只能有一种 V_{CCO},但不同 bank 的 V_{CCO} 可以不同。只有相同电气标准的端口才能连接在一起,V_{CCO} 电压相同是接口标准相同的基本条件。

2. 可配置逻辑块

CLB 是 FPGA 内的基本逻辑单元。CLB 的实际数量和特性根据器件的不同而不同,但是每个 CLB 都包含一个可配置开关矩阵,此矩阵由 4 个或 6 个输入、一些选型电路(多路复用器等)和触发器组成。开关矩阵是高度灵活的,可以对其进行配置以便处理组合逻辑,或者将其配置为移位寄存器或 RAM。在 Xilinx 公司的 FPGA 器件中,CLB(图 2-2)由多个(一般为 2 个或 4 个)相同的切片和附加逻辑模块构成。每个 CLB 不仅可以用于实现组合逻辑、时序逻辑,还可以配置为分布式 RAM 和分布式 ROM。

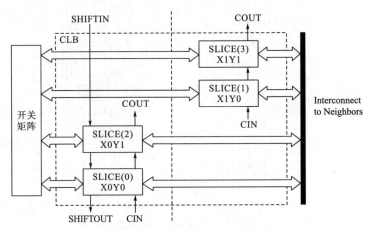

图 2-2 Xilinx 公司典型的 CLB 基本结构

Xilinx 公司的 FPGA 的基本逻辑单元称为切片(slice)，一个 slice 由两个 4 输入函数发生器、进位逻辑、算术逻辑、存储逻辑和函数复用器组成，如图 2-3 所示。4 输入函数发生器用于实现 4 输入查找表(lookup table，LUT)、分布式 RAM 或 16bit 移位寄存器(Virtex-5 系列芯片的 slice 中的两个输入函数为 6 输入，可以实现 6 输入 LUT 或 64bit 移位寄存器)。进位逻辑由专用进位信号和函数复用器(MUXC)组成，用于实现快速的算术加减法操作；进位逻辑包括两条快速进位链，用于提高 CLB 模块的处理速度。算术逻辑包括一个异或门(XORG)和一个专用与门(MULTAND)。一个异或门可以使一个 slice 实现 2bit 全加操作；专用与门用于提高乘法器的效率。

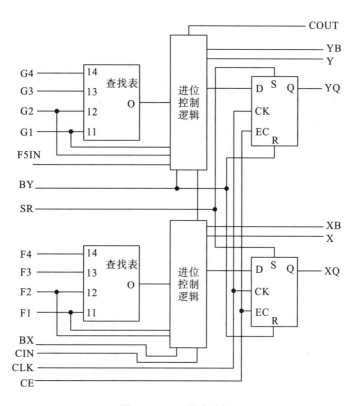

图 2-3　slice 基本结构

Altera 公司的 FPGA 的基本逻辑单元称为 LE(logic element，LE)。逻辑单元在 FPGA 器件内部，是用于完成用户逻辑的最小单元。一个逻辑阵列包含 16 个逻辑单元及其他一些资源，在一个逻辑阵列内部的 16 个逻辑单元有更为紧密的联系，可以实现特有的功能。一个逻辑单元主要由以下部件组成：一个 4 输入查询表，一个可编程寄存器，如图 2-4 所示。

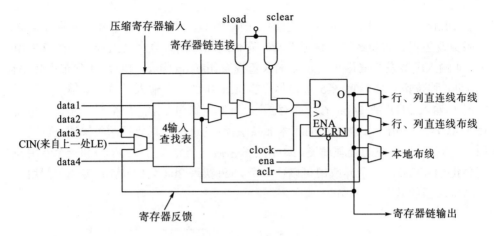

图 2-4 LE 基本结构

可编程寄存器可以配置成 D 触发器、T 触发器、JK 触发器、SR 触发器。每个寄存器包含 4 个输入信号：数据输入、时钟输入、时钟使能、复位输入。相信大家都已经很熟悉了，唯一陌生的就是查找表的原理。下面简要介绍一个查找表的原理。

查找表简称 LUT，LUT 本质上就是一个 RAM。例如，一个 4 输入的 LUT，可以看成一个有 4 位地址线的 16×1 的 RAM。LUT 实现 4 输入与门的示例如表 2-1 所示。

表 2-1 LUT 实现 4 输入与门的示例

实际逻辑电路		LUT 的实现方式	
a,b,c,d 输入	逻辑输出	地址	RAM 存储的内容
0000	0	0000	0
0001	0	0001	0
…	0	…	0
1111	1	1111	1

一个 n 输入的逻辑运算，不管是与或非运算还是异或运算等，最多只可能存在 2^n 种结果，表 2-1 中的 4 输入，共有 16 种输出结果。这样就将实际逻辑电路转换成 LUT 结构。

在实际的电路开发中，用户通过原理图或者 HDL 语言的方式完成逻辑电路的设计，CPLD/FPGA 开发软件会自动计算逻辑电路所有可能的结果，并把结果事先写入 LUT，这样每输入一个信号进行逻辑运算就等于输入一个地址进行查表，找出地址对应的内容，然后输出即可，这就是查找表技术。

图 2-5 是 LUT 的一种简单结构——输入信号由 FPGA 芯片的管脚输入后进入可编程连线，然后作为地址线连接到 LUT，LUT 中已经事先写入了所有可能的逻辑结果，通过地址查找到相应的数据然后输出。

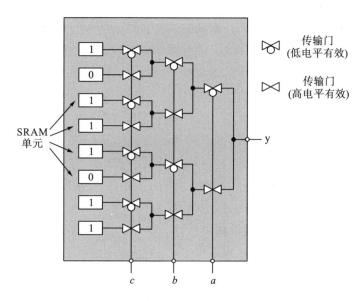

图 2-5　基于传输门的查找表原理

对于一个很简单的电路，只需要一个 LUT 加上一个触发器就可以完成。对于一个 LUT 无法完成的电路，就需要通过进位逻辑将多个单元相连，这样 FPGA 就可以实现复杂的逻辑。由于 LUT 主要适合 SRAM 工艺生产，所以目前大部分 FPGA 都是基于 SRAM 工艺的。而 SRAM 工艺的芯片在断电后信息就会丢失，需要外加一片专用配置芯片，在通电的时候，由这个专用配置芯片把数据加载到 FPGA 中，然后 FPGA 就可以正常工作，由于配置时间很短，不会影响系统正常工作。也有少数 FPGA 采用反熔丝或 Flash 工艺，对这种 FPGA 就不需要外加专用的配置芯片。

在前面提到了 LUT 可以被配置为各种器件，包括 RAM、ROM、移位寄存器、多路复用器，配合 slice 中的算术逻辑、触发器，实现各种基础功能。当一片 slice 不足以完成电路设计时，软件就会帮助自动调用其他的单元来共同完成一个电路功能。

3. 数字时钟管理模块

FPGA 内部所有的同步部件，如 CLB 里面的触发器，都需要时钟信号来驱动。这样的时钟信号一般是来自外界的，通过专用时钟输入管脚进入 FPGA，主信号在进入芯片内部后一次又一次地分支，传送到终端，将其称为全局时钟网。那么是什么模块来实现这样的功能呢？就是 DCM 模块。

业内大多数 FPGA 均提供数字时钟管理（Xilinx 公司的全部 FPGA 均具有这种特性）。来自外界的时钟信号经过专用的时钟管脚和焊盘，进入时钟管理器，驱动内部的时钟树，输出如图 2-6 右边部分所示的子时钟信号。

Xilinx 公司推出最先进的 FPGA 提供数字时钟管理和相位环路锁定。相位环路锁定能够提供精确的时钟综合，且能够降低抖动，实现过滤功能。

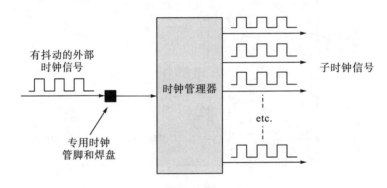

图 2-6 时钟管理器产生子时钟

4. 嵌入式块 RAM

目前大多数 FPGA 都具有内嵌的块 RAM，这大大拓展了 FPGA 的应用范围和灵活性。嵌入式块 RAM 可被配置为单端口 RAM、双端口 RAM、伪双端口 RAM、内容寻址存储器（content addressable memory，CAM）及先进先出（first input first output，FIFO）等常用存储结构。RAM、FIFO 是比较普及的概念，在此不再赘述。CAM 在其内部的每个存储单元中都有一个比较逻辑，写入 CAM 中的数据会和其内部存储的每个数据进行比较，并返回与端口数据相同的所有数据的地址。简单地说，RAM 是一种写地址、读数据的存储单元，CAM 与 RAM 恰恰相反。除了块 RAM，还可以将 FPGA 中的 LUT 灵活地配置成 RAM、ROM 和 FIFO 等结构。在实际应用中，芯片内部块 RAM 的数量也是选择芯片的一个重要因素。

单片块 RAM 的容量为 18kbit，即位宽为 18bit、深度为 1024，可以根据需要改变其位宽和深度，但要满足两个原则：首先，修改后的容量（位宽、深度）不能大于 18kbit；其次，位宽最大不能超过 36bit。当然，可以将多片块 RAM 级联起来形成更大的 RAM，此时只受限于芯片内块 RAM 的数量，而不再受上面两条原则约束。

5. 丰富的布线资源

布线资源连通 FPGA 内部所有单元，连线的长度和工艺决定着信号在连线上的驱动能力和传输速度。FPGA 芯片内部有着丰富的布线资源，根据工艺、长度、宽度和分布位置的不同而划分为四类不同的类别：

（1）全局性的专用布线资源：以完成器件内部的全局时钟和全局复位/置位的布线。

（2）长线资源：用以完成器件 bank 间的一些高速信号的传输。

（3）短线资源：用来完成基本逻辑单元间的逻辑互连与布线。

（4）分布式的布线资源：在逻辑单元内部还有各种布线资源和专用时钟、复位等控制信号线。

由于在设计过程中，往往由布局布线器自动根据输入逻辑网表的拓扑结构和约束条件选择可用的布线资源连通所用的底层单元模块，所以常常忽略布线资源。但其实布线资源的优化与使用和实现结果有直接关系。

6. 底层嵌入功能单元

嵌入功能单元主要指延迟锁相环(delay locked loop，DLL)、锁相环(phase locked loop，PLL)、数字信号处理器(digital signal processor，DSP)和 CPU 等硬处理核(hard core)或软处理核(soft core)。现在越来越丰富的嵌入功能单元使得单片 FPGA 成为系统级的设计工具，使其具备了软硬件联合设计的能力，逐步向片上系统平台过渡。

DLL 和 PLL 具有类似的功能，可以完成时钟高精度、低抖动的倍频和分频，以及占空比调整和移相等功能。Xilinx 公司生产的芯片上集成了 DLL，Altera 公司生产的芯片集成了 PLL，Lattice 公司生产的新型芯片上同时集成了 PLL 和 DLL。PLL 和 DLL 可以通过 IP 核生成的工具方便地进行管理和配置。

7. 内嵌专用硬核

内嵌专用硬核是相对底层嵌入功能单元的软核而言的，指 FPGA 处理能力强大的硬核，等效于 ASIC。为了提高 FPGA 性能，芯片生产商在芯片内部集成了一些专用的硬核。例如，为了提高 FPGA 的乘法速度，主流的 FPGA 中都集成了专用乘法器；为了适用通信总线与接口标准，很多高端的 FPGA 内部都集成了串并收发器(SERializer/DESerializer，SERDES)，可以达到数十吉比特每秒的收发速度。

Xilinx 公司的高端产品不仅集成了 PowerPC 系列 CPU，还内嵌了 DSP Core 模块，其相应的系统级设计工具是 EDK 和 Platform Studio，并依此提出了 SOC

的概念。通过 PowerPC、MiroBlaze、PicoBlaze 等平台，能够开发标准的 DSP 处理器及其相关应用，达到 SOC 的开发目的(与"底层嵌入单元"是有区别的，这里的硬核主要是那些通用性相对较弱的，不是所有 FPGA 器件都包含硬核)。

2.2　FPGA 基本原理

FPGA 采用了逻辑单元阵列(logic cell array，LCA)概念，其内部包括可配置逻辑模块、输入输出模块和内部连线(interconnect)三个部分。FPGA 是可编程逻辑器件。与传统逻辑电路和门阵列(如 PAL、GAL 及 CPLD 器件)相比，FPGA 具有不同的结构。FPGA 利用小型查找表(16&times；1RAM)来实现组合逻辑，每个查找表连接到一个 D 触发器的输入端，触发器再来驱动其他逻辑电路或驱动 I/O，由此构成了既可实现组合逻辑功能又可实现时序逻辑功能的基本逻辑单元模块，这些模块间利用金属连线互相连接或直接连接到 I/O 模块。FPGA 的逻辑是通过向内部静态存储单元加载编程数据来实现的，存储在存储器单元中的值决定了逻辑单元的逻辑功能及各模块之间或模块与 I/O 间的连接方式,并最终决定了 FPGA 所能实现的功能，FPGA 允许无限次的编程。

2.3　FPGA 的应用

1. 逻辑控制(逻辑接口领域)

传统方向，主要用于通信设备的高速接口电路设计，用 FPGA 处理高速接口的协议，并完成高速的数据收发和交换。FPGA 最初及目前应用最广的领域是在通信领域，一方面通信领域需要高速的通信协议处理能力，另一方面通信协议随时在修改，非常不适合做成专门的芯片。因此，能够灵活改变功能的 FPGA 成为首选，目前 FPGA 的 1/2 以上的应用也是在通信行业。

2. 算法实现(信号处理、图像处理)

数字信号处理方向或者数学计算方向，很大程度上已经大大超出了信号处理的范畴。该方向要求 FPGA 开发人员有一定的数学功底，能够理解并改进较为复杂的数学算法，利用 FPGA 内部的各种资源使之能够变为实际的运算电路。

3. 片上可编程系统(控制)

严格意义上片上可编程系统已经在 FPGA 设计的范畴之外，只不过是利用

FPGA 平台搭建的一个嵌入式系统的底层硬件环境,开发人员主要在该环境下进行嵌入式软件开发而已。如果涉及需要用 FPGA 做专门的算法加速,则实际上需要用到第二个方向的知识;如果需要设计专用的接口电路,则需要用到第一个方向的知识。目前,片上可编程系统(system on a programmable chip,SOPC)方向发展其实远不如第一个方向和第二个方向,其主要原因是 SOPC 以 FPGA 为主,可以用 FPGA 内部的资源实现一个"软"的处理器,可以在 FPGA 内部嵌入一个处理器核。但大多数的嵌入式设计却是以软件为核心的,以现有的硬件发展情况来看,多数情况下接口都已经标准化,并不需要那么大的 FPGA 逻辑资源去设计太过复杂的接口。

而且就目前来看 SOPC 相关的开发工具还非常不完善,以 ARM 为代表的各类嵌入式处理器开发工具却早已深入人心,大多数以 ARM 为核心的 SOC 芯片提供了标准的接口,大量成系列的单片机/嵌入式处理器提供了相关行业所需要的硬件加速电路,需要专门定制硬件的场合确实很少,通常在一些特种行业才会有非常迫切的需求。即使目前 Xilinx 公司将 ARM 的硬核加入 FPGA 里面,目前的情况也不会有太大改观。

2.4 FPGA 基本特点

FPGA 具有以下基本特点:
(1)采用 FPGA 设计 ASIC,用户不需要投片生产,就能得到适用的芯片。
(2)FPGA 可作为其他全定制或半定制 ASIC 的中试样片。
(3)FPGA 内部有丰富的触发器和 I/O 管脚。
(4)FPGA 相较于 ASIC 设计周期短、开发费用低、风险小。
(5)FPGA 采用高速 CMOS 工艺,功耗低,可以与 CMOS、TTL 电平兼容。
(6)FPGA 是由存放在片内 RAM 中的程序来设置其工作状态的,因此工作时需要对片内的 RAM 进行编程。用户可以根据不同的配置模式,采用不同的编程方式。通电时,FPGA 芯片将 EPROM 中数据读入片内编程 RAM 中,配置完成后,FPGA 进入工作状态。断电后,FPGA 恢复成白片,内部逻辑关系消失,因此 FPGA 能够反复使用。FPGA 的编程无须专用的 FPGA 编程器,只需通用的 EPROM、PROM 编程器即可。当需要修改 FPGA 功能时,只需重写 EPROM 即可。这样,同一片 FPGA,不同的编程数据,可以产生不同的电路功能。因此,FPGA 的使用非常灵活。

2.5　FPGA 芯片介绍

2.5.1　Xilinx FPGA

Xilinx 公司的主流 FPGA 分为两大类，4 个子系列：一类侧重于低成本应用，容量中等，性能可以满足一般逻辑设计要求；另一类侧重于高性能应用，容量大，性能可以满足各类高端应用。相对于 Spartan-6 系列，Artix-7 系列功耗降低了 50%，成本降低了 35%，采用小型化封装、统一的 Virtex 系列架构，能满足低成本大批量市场的性能要求，这也正是此前 ASSP、ASIC 和低成本 FPGA 所针对的市场领域。而 Kintex-7 系列是 Xilinx 公司采用 28nm 高性能低功耗 (high performance low power，HPLP) 工艺制程的 FPGA 系列之一，是一种新型 FPGA，能以不到 Virtex-6 系列 1/2 的价格实现与其相当的性能，性价比提高了一倍，功耗降低了 50%。ZYNQ 系列是 Xilinx 公司推出的行业第一个可扩展处理平台，旨在为视频监视、汽车驾驶员辅助及工厂自动化等高端嵌入式应用提供所需的处理与计算性能水平。该系列四款新型器件得到了工具和 IP 提供商生态系统的支持，将完整的 ARM® Cortex™-A9 MPCore 处理器与 28nm 低功耗可编程逻辑紧密集成在一起，可以帮助系统架构师和嵌入式软件开发人员扩展、定制、优化系统，并实现系统级的差异化。用户可以根据自己实际应用要求进行选择。在性能可以满足的情况下，优先选择低成本器件。

Spartan 系列成本低廉，总体性能指标不是很优秀，适合低成本应用场合，目前主流的 Spartan 系列芯片如表 2-2 所示。

表 2-2　目前主流的 Spartan 系列芯片

芯片	特性
Spartan-2	最高可达 20 万系统门
Spartan-2E	最高可达 60 万系统门
Spartan-3	最高可达 500 万系统门
Spartan-3A、Spartan-3E	系统门更大，还增强了大量的内嵌式专用乘法器和专用块 RAM 资源，具备实现复杂数字信号处理和片上可编程系统的能力
Spartan-6	Xilinx 公司于 2009 年推出的新一代 FPGA 芯片，该系列的芯片功耗低，容量大
Spartan-7	小型封装却拥有高比例的 I/O 数量，该系列的单位功耗性价比相较前代产品提升高达 4 倍，可提供灵活的连接能力、接口桥接和辅助芯片等功能

Spartan-7 FPGA 将高性能 28nm 可编程架构与低成本、小尺寸封装完美结合在一起，同时满足高性能与小型 PCB 尺寸需求。Spartan-7 系列器件的主要优势包括：

(1) 采用 28nm HPLP（高性能低功耗）工艺，具有最高单位功耗性能比。

(2) 28nm 架构扩展，可实现设计复用。

(3) Vivado® Design Suite 可实现简单的低成本设计输入与验证。

随着 Spartan-7 FPGA 产品的推出，CLB 中的资源数量也在发展演变，以便不断用合适的成本提供最佳功能。例如，第一代 Spartan 器件（于 20 世纪 90 年代末推出）中的 CLB 包含一个 3 输入 LUT、两个 4 输入 LUT 和两个寄存器，与 Spartan-7 FPGA 的 CLB 中的八个 6 输入 LUT 和十六个寄存器（图 2-7）相比，不难看出器件功能的进步。

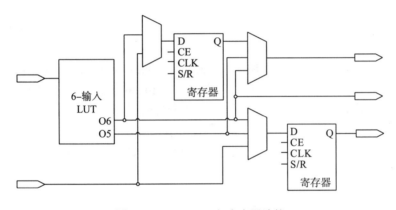

图 2-7　FPGA LUT 与寄存器连接

Virtex 系列是 Xilinx 公司的高端产品，也是业界的顶级产品。目前，其主流芯片如表 2-3 所示。

表 2-3　Virtex 系列主流芯片

芯片	特性
Virtex-II	0.15μm 工艺，1.5V 内核，大规模高端 FPGA 产品
Virtex-II pro	基于 Virtex-II 的结构，内部集成 CPU 和高速接口的 FPGA 产品
Virtex-4	采用 90nm 工艺制造，包含三个子系列：面向逻辑密集设计的 Virtex-4 LX；面向高性能信号处理应用的 Virtex-4 SX；面向高速串行连接和嵌入式处理应用的 Virtex-4 FX
Virtex-5	65nm 工艺的产品
Virtex-6	45nm 工艺的产品
Virtex-7	28nm 工艺的产品
Virtex UltraScale	20nm 工艺的产品
Virtex UltraScale+	16nm FinFET 工艺

与 Virtex-6 FPGA 相比，Virtex-7 系列的系统性能翻了一番、功耗降低了 50%、速度提升了 30%，其重点在于容量扩大了 2.5 倍、多达 200 万个逻辑单元、串行宽带达 1.9Tbps、线速高达 28Gbps。其 EasyPath 降低解决方案成本，从而将这一业界最成功的 FPGA 架构推到了全新的高度。

Virtex UltraScale 产品优势：Virtex UltraScale 器件以 20nm 工艺提供最佳性能与集成度，包含串行 I/O 带宽和逻辑容量。作为以 20nm 工艺节点的业界仅有高端 FPGA，此系列适用于 400G 网络、大型 ASIC 原型设计/仿真等应用领域。

Virtex UltraScale+产品优势：最新 Virtex UltraScale+器件基于 UltraScale 架构，可在 16nm FinFET 工艺节点上提供业界最高的性能及集成功能，包括 DSP 计算性能，21.2 TeraMAC 的最高信号处理带宽。此外，它们还可提供业内最高的片上存储器密度，支持达 500Mb 的总体片上集成型存储器及高达 8GB 的封装内集成 HBM Gen2，可提供 460GB/s 的存储器带宽。Virtex UltraScale+器件提供各种重要功能，包括适用于 PCI Express 的集成型 IP、Interlaken、支持前向纠错的 100G 以太网，以及高速缓存相干互联加速器(cache coherent interconnect for accelerators，CCIX)。Xilinx 3D IC 使用堆叠硅片互联(stack silicon interconnect，SSI)技术，它打破了摩尔定律的限制并且实现了一系列有助于满足最严格设计要求的功能。第三代 3D IC 技术提供可实现超过 600 MHz 工作频率的芯片间注册布线线路，支持丰富而灵活的时钟。作为业界功能最强的 FPGA 系列，Virtex UltraScale+器件是诸多应用的完美选择：从 1+ Tb/s 网络、智能 NIC 与机器学习和数据中心互连到全面集成的雷达/警示系统。

2.5.2 Altera FPGA

Altera 公司(已被英特尔公司收购)的主流 FPGA 分为两大类，一类侧重于低成本应用，容量中等，性能可以满足一般的逻辑设计要求，如 Cyclone、CycloneII 等；另一类侧重于高性能应用，容量大，性能可以满足各类高端应用，如 Stratix、StratixII 等。用户可以根据自己实际应用要求进行选择。在性能可以满足的情况下，优先选择低成本器件。

Cyclone 系列成本低廉，总体性能指标不是很优秀，适合低成本应用场合，目前主流的芯片如表 2-4 所示。

Cyclone10 GX FPGA 提供基于 12.5G 收发器的功能、1.4Gbps LVDS 和高达 72 位宽且速度高达 1866Mbps 的 DDR3 SDRAM 接口。本款产品最适合高带宽性能应用，例如机器视觉、视频连接和智能相机。

Cyclone10 LP FPGA 最适用于低静态功耗和低成本的应用，如 I/O 扩展、传感器融合、电机\运动控制、芯片到芯片桥接和控制。

表 2-4 目前 Cyclone 系列主流芯片

芯片	特性
Cyclone	2003 年推出，0.13μm 工艺，1.5V、5V 内核供电，是一种低成本 FPGA 系列，其配置芯片也改用全新的产品
Cyclone II	2005 年开始推出，90nm 工艺，1.2V 内核供电，属于低成本 FPGA，性能和 Cyclone 相当，提供了硬件乘法器单元
Cyclone III	2007 年推出，采用台积电(TSMC)65nm 低功耗(LP)工艺技术制造，以相当于 ASIC 的价格实现了低功耗
Cyclone IV	2009 年推出，60nm 工艺，面向对成本敏感的大批量应用，帮助用户满足越来越大的带宽需求，同时降低了成本
Cyclone V	2011 年推出，28nm 工艺，实现了当时业界最低的系统成本和功耗。与前几代产品相比，它具有高效的逻辑集成功能，提供集成收发器型号，总功耗降低了 40%，静态功耗降低了 30%
Cyclone 10	2017 年推出，采用 TSMC 60nm 工艺，可提供快速、省电的处理能力，以不到一半的成本提供 2 倍的性能。

Stratix 系列是 Altera 公司的高端产品，也是业界的顶级产品。目前其主流芯片如表 2-5 所示。

表 2-5 目前 Stratix 系列主流芯片

芯片	特性
Stratix	Altera 公司大规模高端 FPGA，2002 年中期推出，0.13μm 工艺，1.5V 内核供电。集成硬件乘加器
Stratix II	Stratix 的第二代产品，2004 年中期推出，90nm 工艺，1.2V 内核供电，大容量高性能 FPGA
Stratix III	具有低的静态和动态功耗——比前代 FPGA 低 50%，支持高速内核及高速 I/O，并且具有业界最佳的信号完整性。它能够实现 400 MHz DDR3 的 FPGA，包括 3 个子系列：StratixIII L 器件主要针对逻辑较多的应用；StratixIII E 器件主要针对 DSP 和存储器较多的应用；StratixIII GX 器件含有多吉比特收发器
Stratix IV	40nm FPGA 具有最高的密度、最佳的性能及最低的功耗。StratixIV FPGA 的系统带宽达到了前所未有的水平，并具有优异的信号完整性。Altera 公司的 40nm StratixIV FPGA 非常适合无线通信、固网、军事、广播等其他最终市场中的高端数字应用
Stratix V	Altera 公司的高端产品，采用 28nm 工艺，提供了 28G 的收发器件，适合高端的 FPGA 产品开发
Stratix 10	2013 年推出，基于英特尔 14 nm 制程三栅极工艺

Stratix 10 FPGA 系列结合了高密度、高性能和丰富的特性，可实现更多功能并最大程度地提高系统带宽，从而支持客户更快地向市场推出一流的高性能产品，并且降低风险，实现最高的系统集成水平。该序列特点如下：

(1) 最大的单片 FPGA 设备，配有 550 万个 LE。
(2) 异构 3D SiP 解决方案，包括收发器和其他高级组件。
(3) 4 位四核 ARM* Cortex-A53，支持硬件虚拟化、系统管理和监控功能及加速预处理等。

第3章　FPGA 硬件实验平台

3.1　EDA 实验开发板概述

睿智 XC6SLX9 系列开发板是针对 FPGA 的初、中级学习者设计，帮助用户降低学习成本，以及快速开始可编程逻辑器件学习之旅的硬件平台。利用该开发板可以方便地进行 EDA 设计的 FPGA 原型验证。

应用开发工具：Xilinx 公司的 ISE（推荐 10.1 及以上版本）。

为方便使用，开发板由核心板和扩展底板组成，开发板上拥有以下资源：FPGA 主芯片（Xilinx Spartan-6 XC6SLX9-TQG144）、FPGA 配置芯片（M25P16/W25Q16）、核心板时钟（50MHz 高精度有源晶振）、外设底板时钟（32.768kHz 基准晶振）。

3.1.1　核心板资源

(1) FPGA 主芯片：Xilinx Spartan-6 系列 XC6SLX9-TQG144。
(2) FPGA 配置芯片：M25P16/W25Q16。
(3) 时钟：50MHz 高精度有源晶振。
(4) 调试接口：JTAG（标准 2×7 14 针 Xilinx 下载口）。
(5) 电源：5V、3.3V、1.2V，AMS1117 专用电源芯片。
(6) 状态指示灯：2 个红色 LED 指示灯（电源指示灯 1 个，加载完成指示灯 1 个）。
(7) LED：2 个用户可定义 LED 灯，可做通电测试、流水灯、其他功能测试等。
(8) 按键：一个重配置按键，一个复位（独立）按键。
(9) 自锁按键电源开关。
(10) I/O 资源接口：主芯片资源 I/O 全部引出，并在板上标注清晰管脚编号，2.54mm 标准接口，可与外设底板配合使用，也可自行焊接排针、排座，或是实验时作为测试点，以完成更多外设实验。

3.1.2 核心板实物图

核心板实物图如图 3-1 所示。

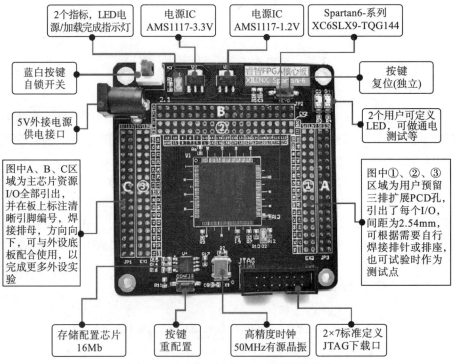

图 3-1　综合实验开发板核心板实物图照片

3.1.3 扩展底板资源

(1) DC 5V 接口及红色 LED 电源指示灯。
(2) 板载 8 个独立按键。
(3) 板载 8 位 LED。
(4) 板载 8 位数码管。
(5) 板载 4 位拨码开关。
(6) LCD1602、LCD12864 液晶屏接口。
(7) 板载 1 路蜂鸣器。
(8) PS2 接口。
(9) 温度传感器接口。
(10) TLC549 AD 转换芯片，可将模拟输入信号转换为数字信号送入 FPGA。

(11) TLC5620 DA 转换芯片，可将 FPGA 的数字信号转换为模拟信号输出。
(12) 标准 RS232 串口。
(13) 256 色 VGA 显示器接口。
(14) 32.768kHz 基准晶振。
(15) TL431 可控精密稳压源，可作为 2.5V 电压基准源。
(16) I2C 串行 EEPROM AT24C08。
(17) PCF8563T 实时时钟。
(18) 板载可调电位器。

3.1.4 扩展底板实物图

扩展底板实物图，如图 3-2 所示。

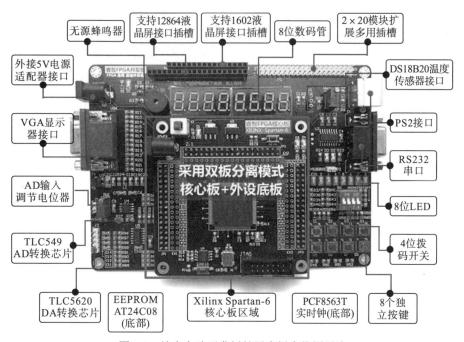

图 3-2 综合实验开发板扩展底板实物图照片

3.2 实验平台基本功能块

3.2.1 PROM 配置电路

Xilinx FPGA 核心板的配置电路部分主要包括 JTAG 接口设计及 M25P16/

W25Q16 配置芯片，同时加入了下载配置指示电路，指示灯为红色 LED，下载的时候，该指示灯会亮，板上丝印 D2 作标记。同时核心板还添加设计了重配置按键，可以不用断电直接重新配置 FPGA。下载配置指示电路如图 3-3 所示。有部分与 FPGA 关键管脚相接的上拉与下拉电阻，未在本图中显示。

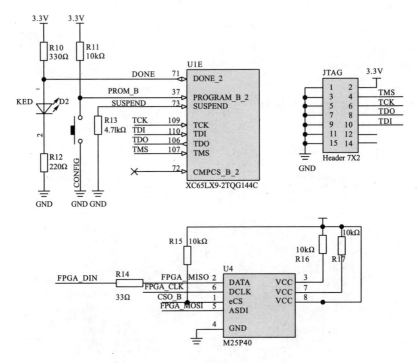

图 3-3　实验板的下载配置指示电路

3.2.2　电源电路

电源是保证整个开发系统正常工作最重要的部分。为方便用户，在接口板上也配了 5V 电源插口，输入（5V IN）通过核心板与接口板的互联插口相连，由核心板提供 3.3V 电源。因此，核心板的电源是可以单独使用的，而接口板的电源在没有核心板接入的情况下无法单独使用。接口板电源部分如图 3-4 所示。

3.2.3　I2C 串行 EEPROM AT24C08

EEPROM AT24C08 是采用 I2C 总线接口的串行总线存储器，这类存储器具有体积小、管脚少、功耗低、工作电压范围宽等特点。本开发板所使用的 AT24C08 芯片容量大小为 8kb。每片芯片 64 页，每页 16bit，地址需要 10 位。

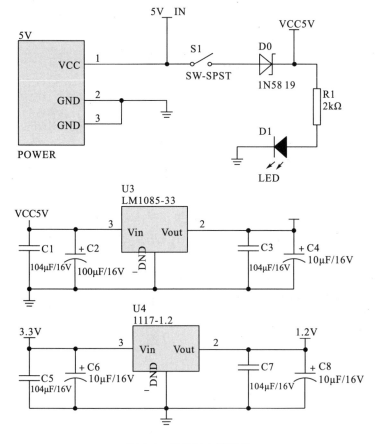

图 3-4 接口板电源部分

3.2.4 时钟和复位电路

FPGA 核心板采用 50MHz 有源贴片时钟，提供芯片的主时钟；采用一个全局复位按键提供复位信号，方便用户使用。时钟部分电源均经过了滤波处理，提高了电源的稳定性，如图 3-5 和图 3-6 所示。

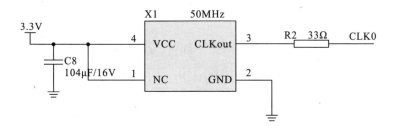

图 3-5 50MHz 时钟原理图

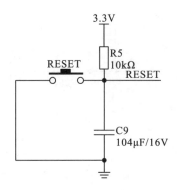

图 3-6 复位按键原理图

3.2.5 数码管显示模块

实验板采用了 8 位七段数码管显示,顾名思义,七段数码管由 7 个亮段(a、b、c、d、e、f、g)和 1 个小数点(dp)组成,7 个亮段实际上就是 7 个条形的发光二极管,根据数码管中 7 个发光二极管的共连段不同,可分为共阳型数码管和共阴型数码管两种,如图 3-7 所示。

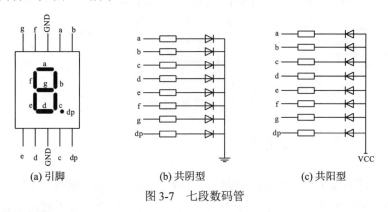

(a) 引脚　　　　(b) 共阴型　　　　(c) 共阳型

图 3-7 七段数码管

如果要七段数码管显示 1,则需要点亮 b、c 两段;如要显示 2,则需要点亮 a、b、g、e、d 五段。依此类推,七段数码管可以灵活地表现数字和字母信息。

共阳型数码管是指将所有发光二极管的阳极接到一起形成公共阳极(COM)的数码管,共阳型数码管在应用时应将公共极 COM 接到电源 VCC,当某一段发光二极管的阴极为低电平时,相应段就点亮,当某一段发光二极管的阴极为高电平时,相应段就不亮。共阴型数码管是指将所有发光二极管的阴极接到一起形成公共阴极(COM)的数码管,共阴型数码管在应用时应将公共极 COM 接到地线 GND 上,当某一段发光二极管的阳极为高电平时,相应段就点亮,当某一段发光二极管的阳极为低电平时,相应段就不亮。

8 位七段数码管显示电路如图 3-8 所示，数码管是共阳型的，当位码驱动信号为 0 时，对应的数码管即操作；当段码驱动信号为 0 时，对应的段码点亮。位码由于电流较大，采用了三极管驱动。

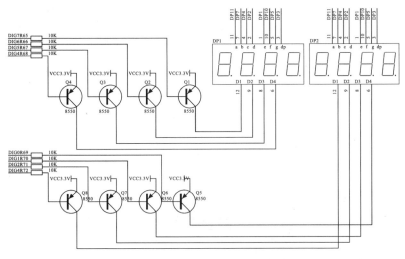

图 3-8 8 位七段数码管显示电路

3.2.6 LED 显示模块

实验板设计了 8 个 LED 指示灯作为信号输出，8 个 LED 灯共阳极，当 FPGA 输送一个低电平时 LED 灯亮起。LED 显示控制模块原理如图 3-9 所示。核心实验板还设计了两个用户自定义 LED 灯，可做通电测试、流水灯及其他功能测试。

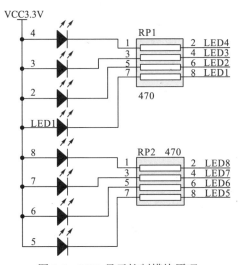

图 3-9 LED 显示控制模块原理

3.2.7 拨码开关

拨码开关，通俗地说就是一款能用手拨动的微型开关，每个开关对应的背面上下各有两个管脚，拨至 ON 一侧，则下面两个管脚接通；反之则断开。这四个开关是独立的，相互没有关联。拨码开关原理图如图 3-10 所示。

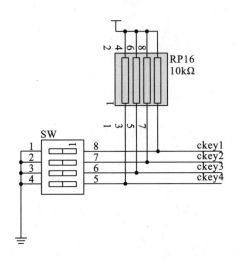

图 3-10　拨码开关原理图

3.2.8 独立按键

实验板设计了 8 个按钮开关作为操作输入，在没有按下这个按钮时，电路断开；当按下这个按钮时，电路连通；这 8 个键是独立的，相互没有关联，其原理图如图 3-11 所示。对于按键电路部分，如果输出低电平，则表示按键按下。电路中电阻 RP3、RP4 均起保护作用，以防止 FPGA 芯片 I/O 设为输出且为高电平，在按键按下时直接对地短路。

3.2.9 蜂鸣器驱动模块

实验板上采用的发声装置——蜂鸣器，大部分情况都是作为提示或报警。蜂鸣器使用 PNP 三极管驱动控制，如果在 BEEP 输入一定频率脉冲信号，蜂鸣器就会发声，改变输入信号频率可以改变蜂鸣器的响声。蜂鸣器分为有源蜂鸣器和无源蜂鸣器[①]。也就是说，有源蜂鸣器内部带振荡源，所以只要一通电就会发声；而无源蜂鸣

---

① 注意：这里的"源"不是指电源，而是指振荡源。

器内部不带振荡源。开发板采用无源蜂鸣器，其原理图如图 3-12 所示。

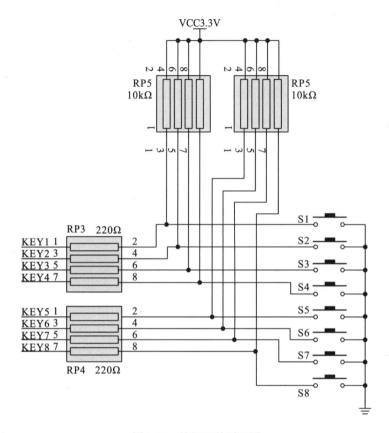

图 3-11　按钮开关原理图

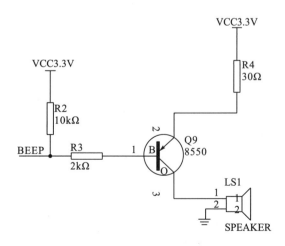

图 3-12　蜂鸣器原理图

3.2.10 有源晶振模块

作为实验板上唯一的时钟源，有源晶振提供了高精度、高稳定性的时钟，直接连接到 FPGA 带有时钟管理器的 I/O 端口。如果设计人员需要其他频率时钟源，可以在 FPGA 内部进行分频或利用 FPGA 内部 PLL 倍频等途径来得到。有源晶振模块电路如图 3-13 所示。

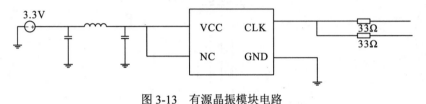

图 3-13 有源晶振模块电路

3.2.11 温度传感器电路

接口板上设有经典 DS18B20 温度传感器电路，其原理图如图 3-14 所示，板载未焊 DS18B20 元件，可通过底板接口进行连接。

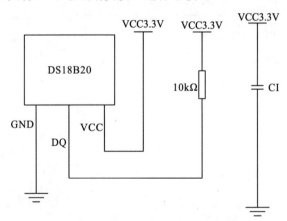

图 3-14 温度传感器电路原理图

3.2.12 串行 DA、AD 电路

DAC 电路使用一片串行接口的 4 通道 8 位 DA 转换器 TLC5620，TLC5620 具有半缓冲输出功能、可编程输出量程功能。它的每一路 DA 通道均需要参考电源，由 REFA、REFB、REFC 和 REFD 管脚输入。

串行 DA、AD 电路采用单通道 8 位 AD 转换器 TLC549CP，转换所需的电压基准由 REF+输入，电压基准定为 2.5V，AD、DA 电路图如图 3-15 所示。电压基准电路如图 3-16 所示。

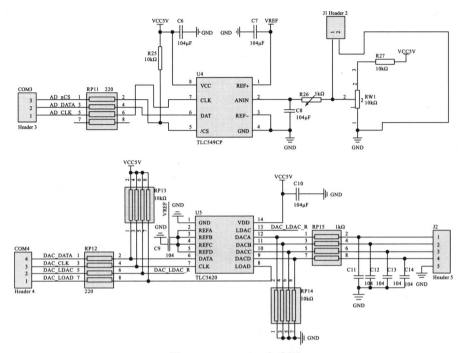

图 3-15 DA、AD 电路图

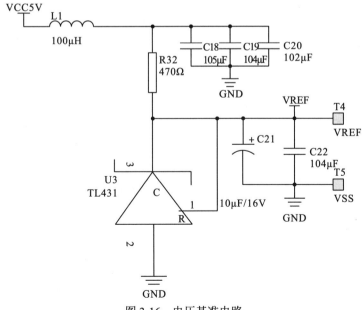

图 3-16 电压基准电路

3.2.13 RS232 接口模块

开发板设计了一个 RS232 协议的串口转换模式，以便于 FPGA 实验板能和计算机及其他设备实现串行通信，字符是以 bit 串的方式来一个接一个地串行（serial）传输。其原理图如图 3-17 所示。

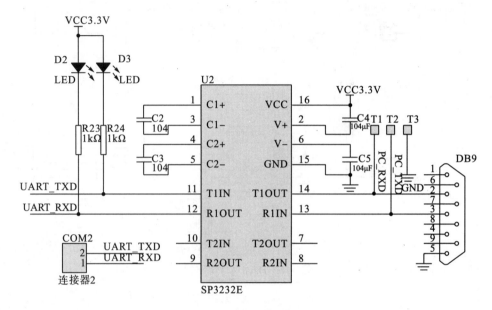

图 3-17 RS232 接口模块电路原理图

3.2.14 JTAG 接口

根据 IEEE 1149.1 的标准（关于 JTAG 协议），JTAG 主要起作用的只有五个信号：测试时钟输入（test clock input，TCK）、测试模式选择（test mode selection input，TMS）、测试数据输入（test data input，TDI）、测试数据输出（test data output，TDO）、测试复位输入（test reset input，TRST）（可选，因为可以通过 TMS 复位）。但是每个芯片都有自己的 JTAG 调试接口，而且各有不同，有 20 针的，14 针，10 针，如图 3-18 所示。

TCK--测试时钟输入；
TDI--测试数据输入，数据通过 TDI 输入 JTAG 接口；
TDO--测试数据输出，数据通过 TDO 从 JTAG 接口输出；
TMS--测试模式选择，用来设置 JTAG 接口处于某种特定的测试模式。

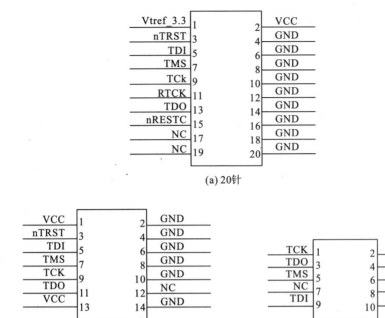

图 3-18 JTAG 接口

3.2.15 VGA 接口电路

VGA 接口电路如图 3-19 所示，本电路采用的是电阻网络的方法来产生 VGA 所需要的不同模拟电压信号，输入端共用了 8 个信号线，可以产生 256 色。

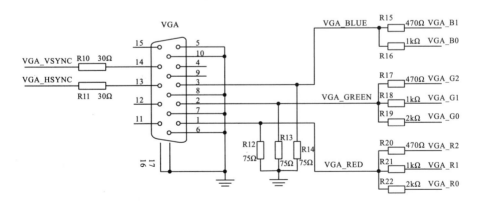

图 3-19 VGA 接口电路

3.2.16　PS/2 键盘、鼠标接口

PS/2 键盘、鼠标接口电路原理图如图 3-20 所示，使用 5V 电源供电，接口的数据线和时钟线均要接上拉电阻。

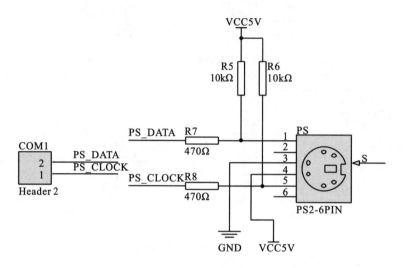

图 3-20　PS/2 键盘、鼠标接口电路原理图

3.2.17　液晶 1602 与 12864 显示接口电路

外设底板上设有液晶 1602 与 12864 的显示接口电路，如实验需要，则可以在底板上自行选配安装液晶器件。液晶接口电路原理图如图 3-21 所示。

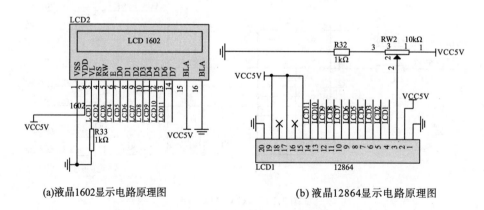

(a) 液晶1602显示电路原理图　　　　(b) 液晶12864显示电路原理图

图 3-21　液晶接口电路原理图

3.2.18　I/O 资源

I/O 资源接口：主芯片资源 I/O 全部引出，并在板上标注清晰管脚编号；2.54mm 标准接口可与外设底板配合使用，也可自行焊接排针、排座，或是实验时作为测试点，以完成更多外设实验。

3.2.19　实时时钟电路

实时时钟电路原理图如图 3-22 所示。实时时钟芯片使用的是 I2C 接口的低功耗 CMOS 实时时钟/日历芯片 PCF8563T，它提供一个可编程时钟输出，一个中断输出和断电检测器，所有的地址和数据通过 I2C 总线接口串行传输。最大总线速度为 400kbit/s，每次读/写数据后，内嵌的字地址寄存器会自动产生增量。

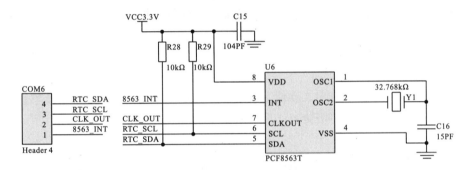

图 3-22　实时时钟电路原理图

第 4 章　EDA 开发设计流程

4.1　ISE 软件的使用

4.1.1　启动 ISE

启动该软件前请注意：FPGA 开发板的 USB 下载器在与计算机初次连接时，请勿打开开发板电源开关，请在正确连接后耐心等待计算机自动安装下载器驱动程序，此时千万不能进行下载等相关操作。等驱动程序自动安装好，即计算机右下角 USB 图标上有绿色小勾后才能打开开发板电源，然后对开发板进行下载等操作。开发板一旦连接好，不要随意触碰下载器，以防接触不良导致程序下载失败。

正确安装 Xilinx ISE 14.6 软件工具之后，可以通过以下方式启动 ISE 软件。

方式 1：双击桌面的快捷方式启动 ISE14.6，如图 4-1 所示。

图 4-1　桌面快捷方式启动 ISE 14.6

方式 2：通过 "开始→所有程序→Xilinx Design Tools→ISE Design Suite 14.6→ISE Design Tools→32-bit Tools/Project Navigator" 启动 ISE 14.6（图 4-2）。对于 32 位 Windows 系统，只有 "32-bit Tools" 一种启动选择；对于 64 位 Windows 系统，建议优先选择启动 "Project Navigator"。

第 4 章 EDA 开发设计流程

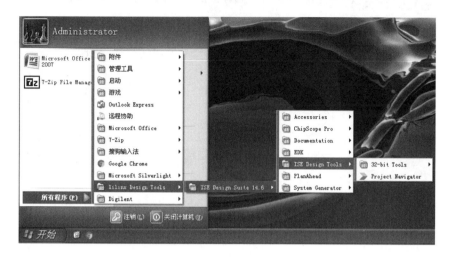

图 4-2 从"开始"启动 ISE

ISE 14.6 启动后，会进入如图 4-3 所示主界面。

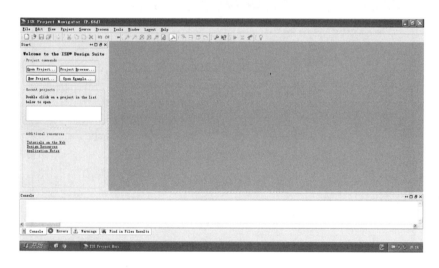

图 4-3 ISE 主界面

4.1.2 创建项目工程(Project)

(1) 选择"File→New Project"启动项目工程的创建，如图 4-4 所示。

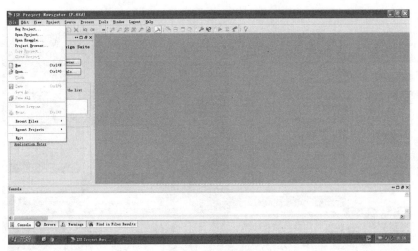

图 4-4　新建工程

(2)给 Project 命名，指定 Project 路径，如图 4-5 所示。

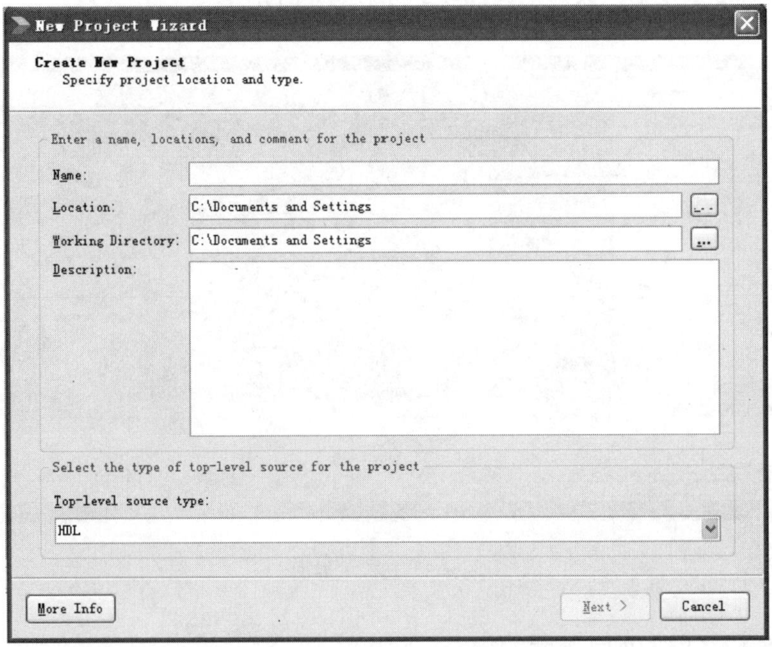

图 4-5　指定 Project 路径

(3)选择 FPGA 类型(本书以 Spartan3 实验开发板为例)，如图 4-6 所示。
①器件系列(Family)：Spartan6。
②器件型号(Device)：XC6SLX9。

③封装形式（Package）：TQG144。
④速度级别（Speed）：-2。

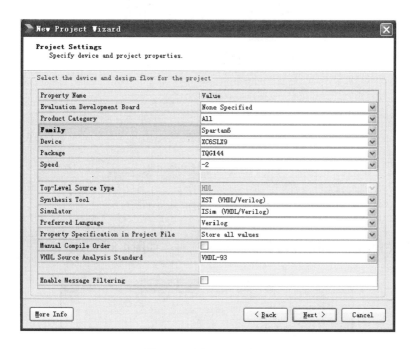

图 4-6　选择 FPGA 类型

（4）添加 HDL 源文件。在"Design"子窗口中右击，选择"Add Source"，如图 4-7 所示。

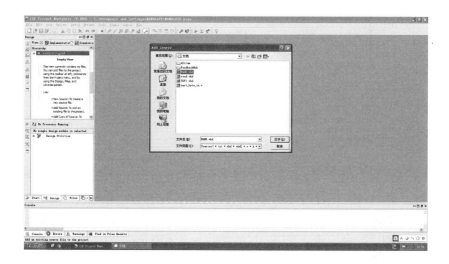

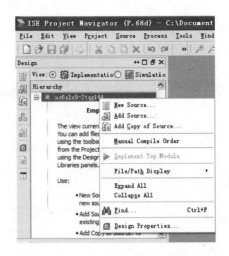

图 4-7　添加 HDL 源文件

(5)注意选择所属设计的全部 HDL 源文件，如图 4-8 所示。

图 4-8　选择 HDL 源文件

4.1.3　功能仿真

　　在设计输入完成后，需要借助测试平台来验证所设计的模块是否满足要求。ISE 提供了两种测试平台的建立方法：一种是波形仿真；另一种是代码仿真。代码仿真使用 HDL Test Bench，这种方法相对于波形仿真更简单、功能更强。下面介绍第二种测试平台的建立方法。该方法的基本思路是：在程序中将源文件中的实体视为一个元件，对这个元件的输入端用 Test Bench 程序加上激励波形，在仿真器中运行该程序得到仿真结果。

1. 建立仿真文件 Test Bench

在菜单栏中，单击"project→New Source"选项。在源文件类型选择对话框的左侧选择"VHDL Test Bench"，在右侧输入仿真文件名"DFF_tb"和路径名，如图4-9所示。单击"Next"。

注意：仿真文件名不能与源文件名相同。

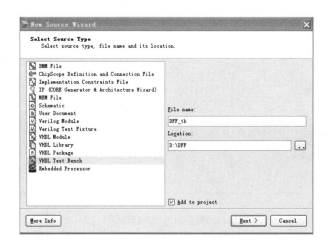

图4-9　建立仿真文件对话框

工程中显示的是所有源文件的名字，选择与仿真文件相关联的源文件，在本例只有一个源文件"DFF"，单击鼠标左键选中，如图4-10所示，再单击"Next"。

图4-10　选择与仿真文件相关联的源文件对话框

单击"Finish",完成 Test Bench 的建立,如图 4-11 所示。

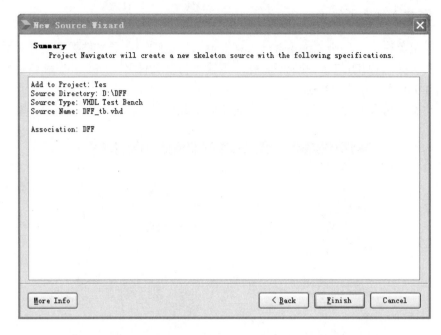

图 4-11　完成对话框

2. ISE 自动生成测试文件的框架

这包括所需要的信号、端口声明及模块例化。设计人员需要在"insert stimulus here"处添加如下测试向量生成代码。

```
stim_proc: process
begin
reset<='1';
wait for 100 ns;
reset<='0';
d<='1';
wait for clk_period*10;
d<='0';
wait for 100ns ;
d<='1';
wait for 100ns ;
d<='0';
wait for 100ns ;
```

```
d<='1';
wait for 100ns ;
d<='0';
wait;
end process;
END;
```

在设计管理窗口将"View"设置为"Simulation",并在其下方出现的栏目中通过下拉条选择"Behavioral",如图 4-12 所示。

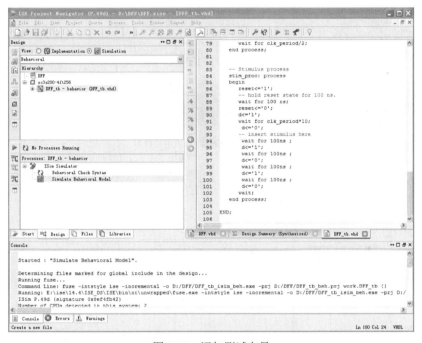

图 4-12 添加测试向量

3. 运行仿真

在设计管理窗口中,用鼠标左键单击选择"DFF_vhd"文件,单击"ISim Simulator"之前的"+"符号,在程序管理窗口中先双击"Behavioral Check Snytax"检查是否有语法错误,若没有错误,则在"Behavioral Check Snytax"前面会有一个打钩的绿色小圆圈;若有错误,则反复修改。再单击"Simulate Behavioral Model",右击,选择"Process Properties"选项,把对话框下方的"Property display level"设置为"Standard",如图 4-13 所示。对话框中有如下两项需要注意:

(1)"Simulation Run Time":设置仿真时间长短。

(2)"Waveform Database Filename"：设置波形文件存储名字及文件名。

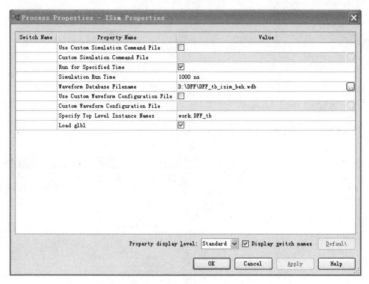

图 4-13　Process Properties 设置

双击"Simulate Behavioral Model"，进行仿真，观察输入/输出波形及数据是否符合设计要求，如图 4-14 所示。

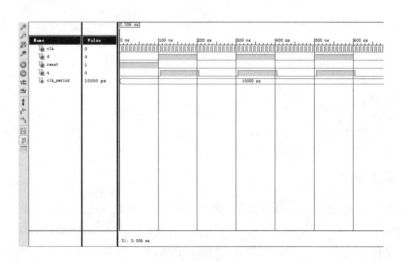

图 4-14　仿真结果

为了看到完整清晰的波形，通常需要做一下调整：如图 4-14 所示，在工具栏中单击"Run"或者"Run all"，以修正运行时间；单击放大或缩小图表，以调整显示比例。

4.1.4 原理图仿真

在 ISE 软件中，也可以采用原理图的输入方式完成电路的设计。在原理图中，所调用的器件可以是元件库中的元件，也可以是用户利用已有的 VHDL 程序创建的元件符号。下面介绍一个利用 VHDL 程序创建元件符号的例子。

1. 创建 VHDL 模块，生成一个原理图符号

在菜单栏中，单击 "project→Add Source" 添加 VHDL 模块。
程序源文件如下：

```
LIBRARY IEEE;
USE IEEE.STD_LOGIC_1164.ALL;
ENTITY mux2_1 IS
PORT(
d0:IN STD_LOGIC;
d1:IN STD_LOGIC;
sel:IN STD_LOGIC;
q: OUT STD_LOGIC);
END mux2_1;
ARCHITECTURE BEHAVIORAL OF mux2_1 IS
BEGIN
PROCESS(d0,d1,sel)
VARIABLE temp1,temp2,temp3:STD_LOGIC;
BEGIN
temp1:= d1 AND (NOT sel);
temp2:= d0 AND sel;
temp3:= temp1 OR temp2;
q<=temp3;
END PROCESS;
END BEHAVIORAL;
```

在 "Processes" 窗口中，单击 "Design Utilities" 之前的 "+" 符号，然后双击 "Create Schematic Symbol"，则在 "Create Schematic Symbol" 前面会有一个打钩的绿色小圆圈，如图 4-15 所示。

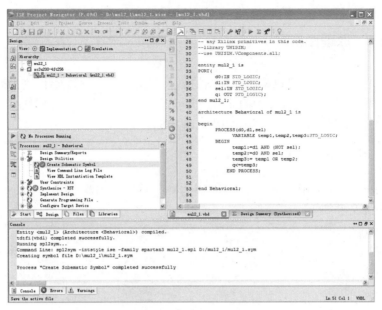

图 4-15　生成原理图符号

经过以上步骤,名称为"mul2_1"的图形化文件被放入工程项目库中。

2. 创建一个新的顶层原理图

在菜单栏中,单击"project→New Source",在源文件选择类型中选择"Schematic",输入原理图名"mul4_1"和路径名,如图 4-16 所示,单击"Next"。

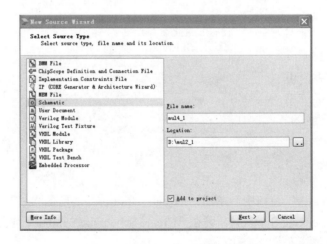

图 4-16　创建一个新的顶层原理图

弹出如图 4-17 所示对话框,单击"Finish"。

第4章 EDA 开发设计流程

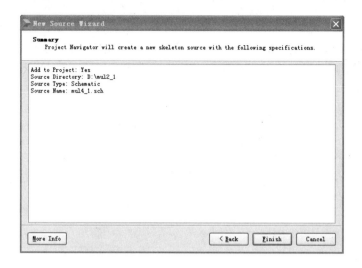

图 4-17 完成对话框

此时，原理图编辑器自动启动并打开一个空白原理图，如图 4-18 所示。

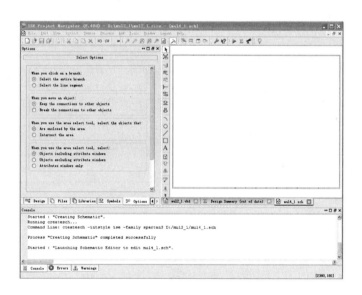

图 4-18 空白原理图

3. 放置元件符号

在原理图编辑器菜单中，选择"Add→Symbol"，或者在空白处右击，选择"Add→Symbol"，或者使用原理图编辑区左侧的快捷键" "。

在"Categories"栏中选中工程所在的路径"D:\mul2_1"，然后从元件符号列表"Symbols"中选择"mul2_1",该元件符号便附着在光标上。移动光标至目标位置,单击左键,放置元件符号。如需放置多个相同元件,则多次单击鼠标左键。完成元件放置后,按 Esc 键退出添加元件符号模式,如图 4-19 所示。

其他操作提示如下:

(1)移动器件。光标移动至元件符号,按住鼠标左键,元件将会变成红色,这时移动鼠标至目标位置,再松开鼠标左键。

(2)放大或缩小。单击原理图编辑区菜单栏中的"🔍🔍"。

(3)删除文件。光标移动至元件,元件将会变成红色,右击,然后按 Delete 键。

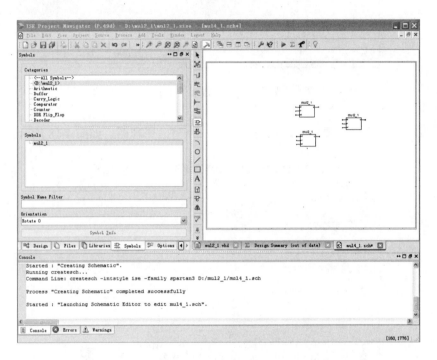

图 4-19 放置元件符号

4. 添加连线

首先激活画线功能,在菜单中选择"Add→Wire",或者在空白处右击,选择"Add→Wire",或者使用原理图编辑区左侧的快捷键"⌐┘"。

移动光标至画线起始位置,单击鼠标左键,然后移动光标至目标位置,单击鼠标左键,完成画线。

完成添加连线后,按 Esc 键退出添加连线模式,如图 4-20 所示。

第 4 章 EDA 开发设计流程

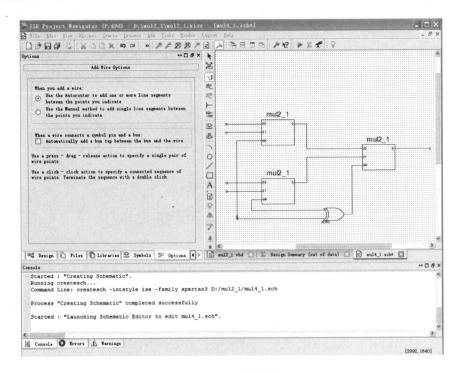

图 4-20 添加连线

其他操作提示如下：

(1) 移动连线。光标移动至连线，按住鼠标左键并移动鼠标至目标位置，松开鼠标左键。

(2) 删除连线。光标移动至连线，右击，然后单击 "Delete"。

5. 添加网线名

在原理图编辑器菜单中，选择 "Add→Net Name"，或者在空白处右击，选择 "Add→Net Name"，或者使用原理图编辑区左侧的快捷键 " "。在屏幕左侧的 "Options" 对话框 "Name" 一栏中输入网线名字。如果是单根线，直接输入名字，如 "clk"；如果是总线，名字中需要有下标范围，如 "out1(3:0)"。将鼠标移动至线的端口(此时名字附着在光标上)，单击左键，完成网线名的添加。按 Esc 键退出添加网线名模式，如图 4-21 所示。

6. 添加 I/O 标记

在原理图编辑器菜单中，选择 "Add→I/O Marker"，或者在空白处右击，选择 "Add→I/O Marker"，或者使用原理图编辑区左侧的快捷键 " "。

在屏幕左侧的 "Options" 对话框中，可以选择 "Add an automatic marker"，

按住鼠标左键拖至一个区域,包含所有需要添加输入标记的网线名,或者包含所有需要添加输出标记的网线名。也可以选择"Add an input marker""Add an output marker"或"Add an bidirectional marker"添加 I/O 标记,然后放开鼠标,完成添加 I/O 标记模式,如图 4-22 所示。

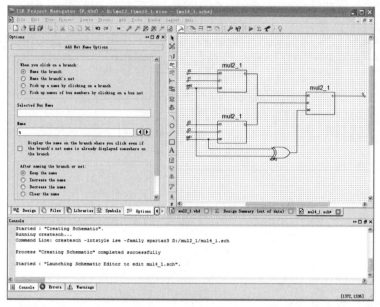

图 4-21　添加网线名

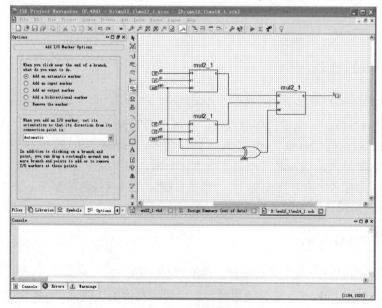

图 4-22　添加 I/O 标记

7. 保存原理图

在菜单中选择"File→Save",保存原理图。

4.1.5 综合(Synthesize)

完成 HDL 源文件加载后,如图 4-23 所示选中需要综合的顶层设计(图 4-23 示例中选中了顶层设计"NANDGATE"),然后双击"Synthesize – XST"进行综合,综合成功完成后会出现小勾。

双击图 4-23 中的"View Synthesis Report",可以查看综合结果报告。

双击图 4-23 中的"View RTL Schematic",可以查看综合后的 RTL 原理图,如图 4-24 所示。

双击电路符号框图,能够进入模块底层电路图,如图 4-25 所示。

图 4-23 综合设计

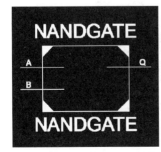

图 4-24 综合后的 RTL 原理图

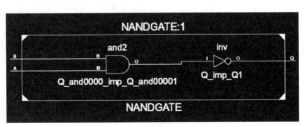

图 4-25 模块底层电路图

4.1.6 用户约束(User Constraints)——定义输入输出管脚约束

选中顶层文件,双击图 4-26 中的"I/O Pin Planning(PlanAhead)– Pre-Synthesis",该操作会提示生成一个.ucf 文件,如图 4-26 所示。

在"I/O Port"面板中,可以直接在"Site"栏填写管脚名,也可以在"Site"栏通过下拉栏进行管脚选择或者把各"I/O Pin"拖到右上方"Package"面板的管脚上。

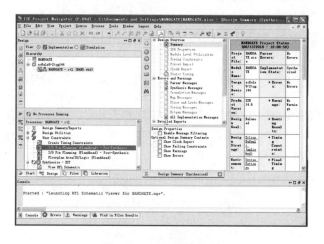

图 4-26 添加管脚约束

另外,I/O 电平类型、输出电流大小、上拉/下拉等设置可以根据需要定义,如图 4-27 所示。

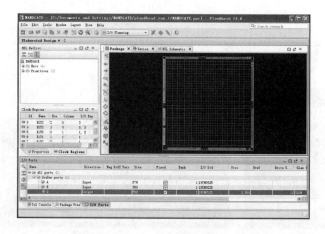

图 4-27 分配 FPGA 管脚

4.1.7 设计实现（Implement Design）

双击"Implement Design"，工具会依次执行 Translate、Map、Place & Route，如图 4-28 所示。

图 4-28　设计实现

如果没什么问题，会出现图 4-29 中的小勾，表示设计实现完成，如图 4-29 所示。

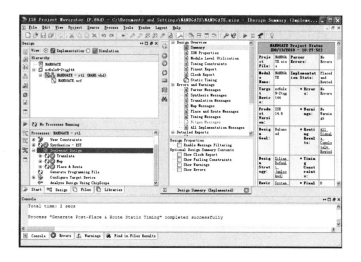

图 4-29　设计实现完成后界面

4.1.8 下载配置

上述操作完成后,就可以进行下载配置了。下载分几种模式,下面重点介绍最常用的边界扫描下载方式。

右击图 4-30 中的"Generate Programming File",选择"Process Properties"。

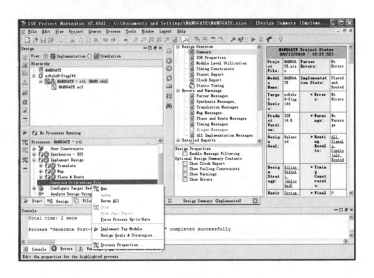

图 4-30 配置属性设置

在"Startup Options"栏中重点关注"FPGA Start-Up Clock"。

"FPGA Start-Up Clock":用于选择 FPGA 芯片的配置时钟,有"CCLK""User Clock"和"JTAG Clock"3 个可选项,如图 4-31 所示。

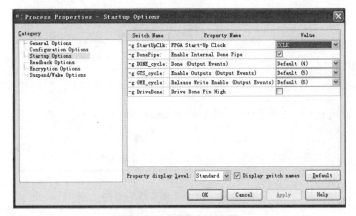

图 4-31 配置时钟设置

(1) 当采用边界扫描方式下载 FPGA 时，配置时钟选择"JTAG Clock"，即由 JTAG 接口 TCK 信号提供配置时钟；

(2) 当配置 PROM 器件时，必须选择"CCLK"时钟(因为 PROM 对 FPGA 加载时，将采用主串模式，即"FPGA Start-Up Clock"必须提供"CCLK"给 PROM)。

(3) 用户自定义的配置时钟 User Clock 通常很少使用。

1. FPGA 配置文件*.bit 生成

配置好时钟即可生成 FPGA 配置文件*.bit，双击"Generate Programming File"，如图 4-32 所示。

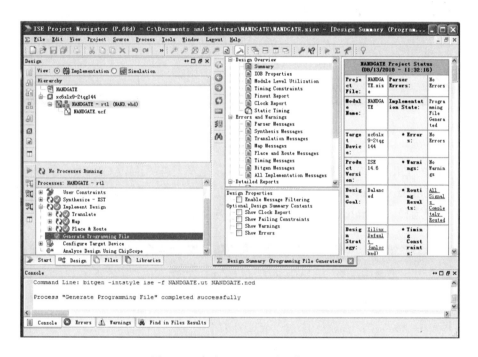

图 4-32　生成 FPGA 配置文件 *.bit

2. 配置文件下载(FPGA/PROM 的下载)

注意切换到图 4-33 偏左下方的"Processes"选项卡，双击或者右击"Configure Target Device"，选择"Run"。如果该项已有绿色小勾，则可以选择"Rerun"，然后进入 iMPACT 窗口。

图 4-33　配置目标器件的启动

单击"OK"后首先进入 iMPACT 界面。在左上方"iMPACT Flows"面板中双击"Boundary Scan"后进入图 4-34 所示的界面。在该界面右击空白位置,在弹出菜单中选择"Initialize Chain",进行 FPGA 器件识别。

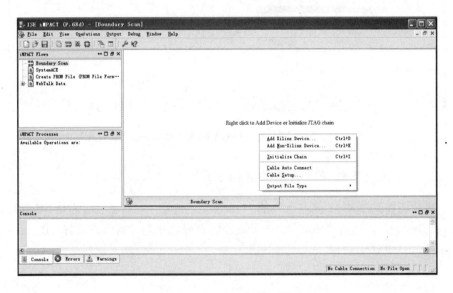

图 4-34　FPGA 器件识别

其次，如图 4-35 所示，选择加载 FPGA 配置文件，此处需加载*.bit 文件。

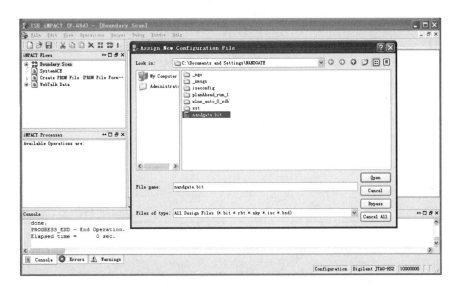

图 4-35　FPGA 配置文件*.bit 加载

再次，会弹出对话框提示导入 PROM 配置文件(*.mcs 文件)，由于尚未生成该文件，暂时跳过，选择"NO"，如图 4-36 所示。

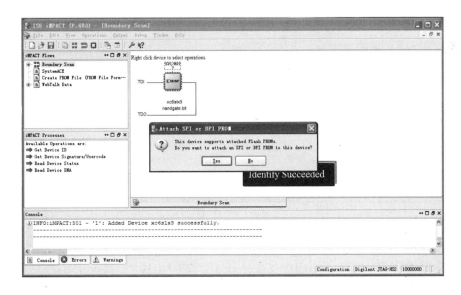

图 4-36　PROM 配置选项确认

单击"OK"后界面如图 4-37 所示。

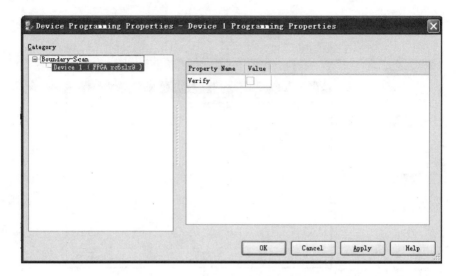

图 4-37　FPGA 配置选项确认

如果要下载至 FPGA，选择"xc6slx9"右击，选择"Program"，如图 4-38 所示。

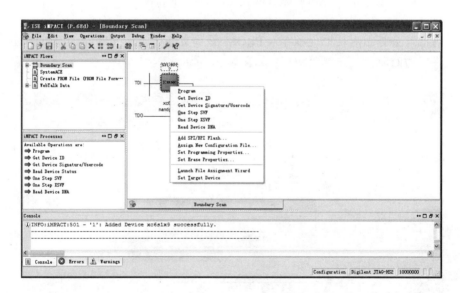

图 4-38　FPGA 编程下载

下载成功后，显示"Program Succeeded"，如图 4-39 所示。

如果要将电路设计下载到 PROM，需要先生成 PROM 配置文件，文件详见 P62。生成 PROM 配置文件后在图 4-40 所示界面中选"xc6slx9"右击，单击"Add SPI/BPI Flash"，如图 4-40 所示。

第 4 章　EDA 开发设计流程

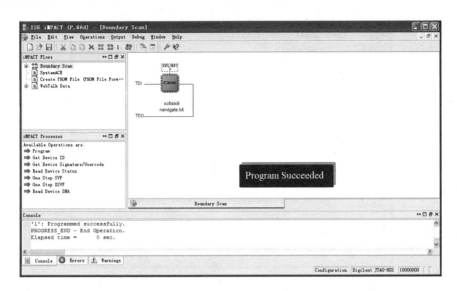

图 4-39　FPGA 烧录成功

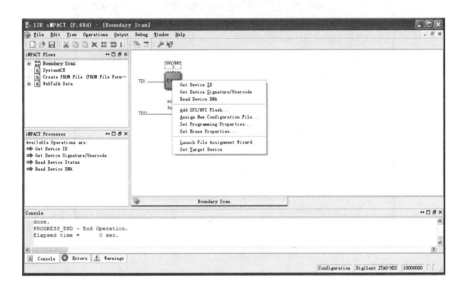

图 4-40　PROM 配置文件加载

在弹出的对话框中导入已生成的 PROM 配置文件(*.mcs 文件)，如图 4-41 所示。

导入 PROM 配置文件后弹出图 4-42 所示对话框，选择"SPI PROM"。若开发板核心板左上角白色丝印为"2.0"，则"SPI PROM"型号选择"W25Q16"；若其为"2.1"，则"SPI PROM"选择"M25P16"，如图 4-42 所示。

图 4-41 PROM 配置文件导入

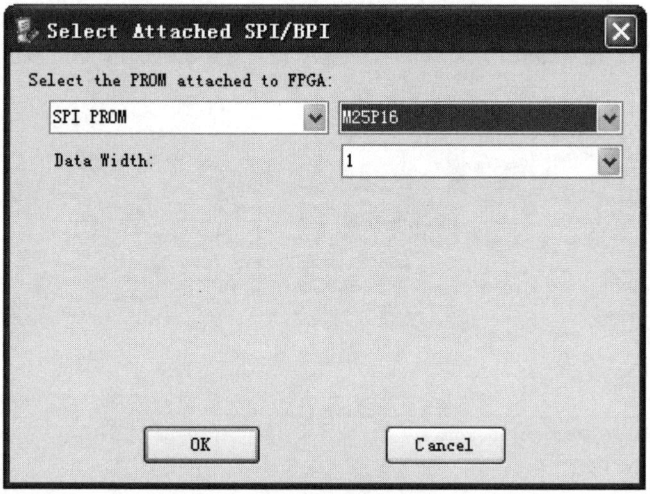

图 4-42 SPI PROM 选择

　　导入后回到图 4-43 所示界面，右击 "FLASH" 器件，选择 "Program" 即可。
　　当出现红色的 "Program failed" 时，请检查开发板电源是否开启、JTAG 下载器与计算机和开发板是否连接良好、JTAG 下载器指示灯是否为绿色，也要注意检查下载器是否接触不良，排除上述因素后，重新右击 "Initialize Chain" 进行下载操作。假如不行（只要正确操作，遇到该情况的概率非常低），重新启动 ISE，执行上述步骤；如果还是不行，那么可能是之前的下载线驱动安装不成功，此时需要重启计算机(特别提醒：重启计算机前，请将文件备份到 U 盘以防止实验机的数据重启后丢失。

第 4 章 EDA 开发设计流程

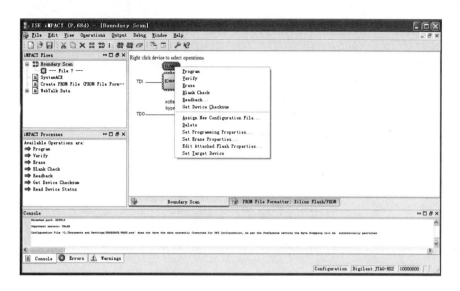

图 4-43 PROM 烧录

3. PROM 配置文件(.mcs)生成

若要下载 PROM,则需提前生成 PROM 配置文件(.mcs)。生成.mcs 前,图 4-44 所示的"FPGA Start-Up Clock"需设置成"CCLK",然后双击"Generate Programming File",点开"Configure Target Device",再双击"Generate Target PROM/ACE File"。

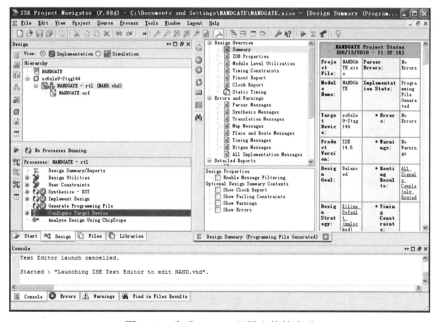

图 4-44 生成 PROM 配置文件的启动

如图 4-45 所示，双击"Creat PROM File（PROM File Formatter）"选项。

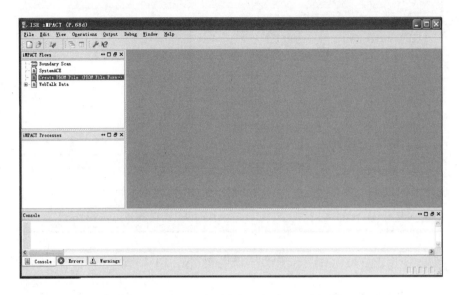

图 4-45 在 iMPACT 中生成 PROM 配置文件

图 4-46 中在"Step 1. Select Storage Target"中选择"Xilinx Flash/PROM"选项，单击第一个绿色箭头后进入"Step 2. Add Storage Device(s)"，在"PROM Family"下拉菜单和"Device（bits）"中选择"16Mbit"，或者直接选择"Auto Select PROM"。

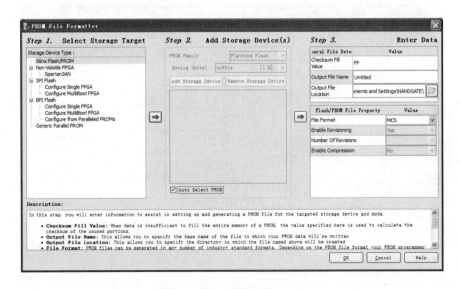

图 4-46 进行器件类型设置

完成器件类型设置后单击第二个箭头就可以设置 PROM 配置文件的文件名和存储路径，此处根据需要自行设定，如图 4-47 所示。

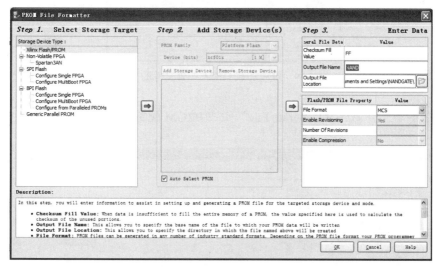

图 4-47　PROM 配置文件设置

完成 PROM 配置文件设置后单击"OK"，会弹出图 4-48 所示窗口，此处需选择之前生成的 FPGA 配置文件，扩展名为".bit"，选择好后单击"打开"。

图 4-48　导入 FPGA 配置文件

导入 FPGA 配置文件后弹出图 4-49 所示对话框，如需导入其他的 FPGA 文件，单击"Yes"，否则单击"No"。

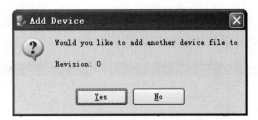

图 4-49　继续加载 FPGA 配置文件的提示

在图 4-50 中双击 "Generate File" 生成 PROM 配置文件。

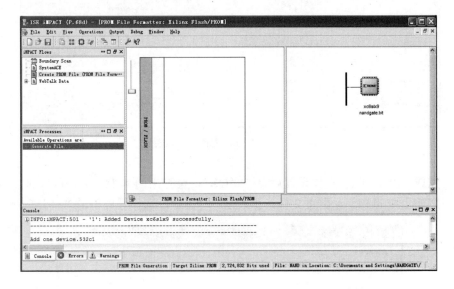

图 4-50　生成 PROM 配置文件

4.1.9　时序分析

在常见数字系统中，往往都有时序电路存在，而时序电路的工作频率往往是开发人员较为关心的参数。在 ISE 中，Xilinx 公司提供了分析工具，可以直接分析时序电路工作频率。其具体原理详见第 9 章 FPGA 应用设计进阶。

此处以第 8 章系统设计实验中 UART 串口实验为例。首先建立好工程，导入设计，完成管脚约束。选中顶层文件后，与添加管脚约束类似，在 "User Constraints" 选项下双击 "Create Timing Constraints"，进入图 4-51 所示的时序约束界面。

由图 4-51 可以看到，在未约束时钟列表存在 sclk 未约束，双击该信号。在弹出窗口进行时钟设置。该 UART 串口基于 50MHz 时钟设计，只要时钟频率不低于 50MHz 即可，因此此处设置时钟周期为 20ns，占空比为 50%。单击 "OK" 完成，如图 4-52 所示。

第 4 章 EDA 开发设计流程

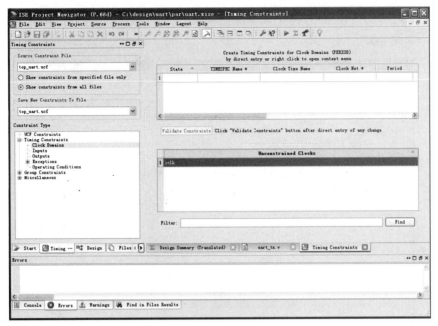

图 4-51 创立时序约束界面

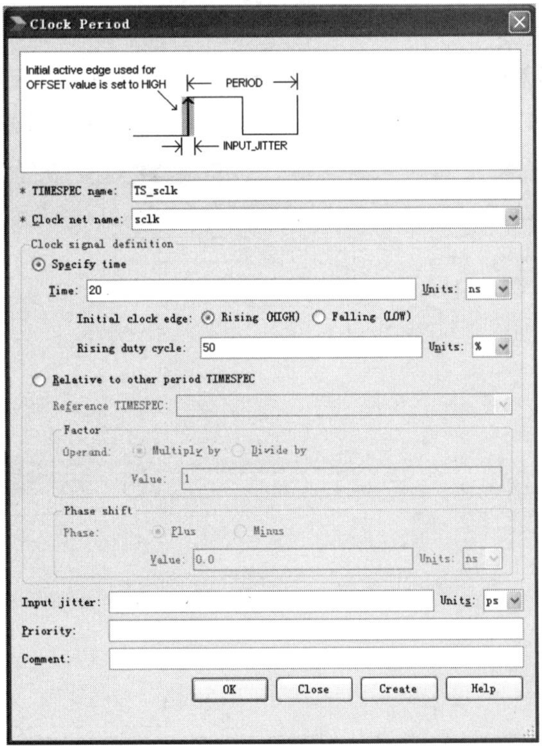

图 4-52 设置时钟

完成时钟约束设置后,接下来添加输入偏移约束。双击约束类型面板的"Inputs"选项,如图 4-53 所示。

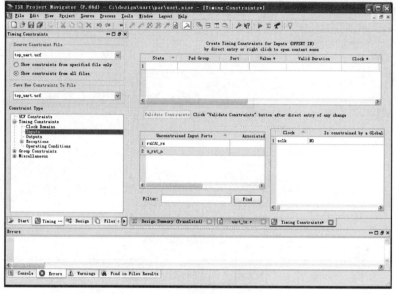

图 4-53　添加输入偏移约束

此处应指定输入偏移约束的类型,需要设置同步类型、边缘触发类型(单边缘触发/双边缘触发)、触发边缘(上升沿有效/下降沿有效),如图 4-54 所示。单击"Next"。

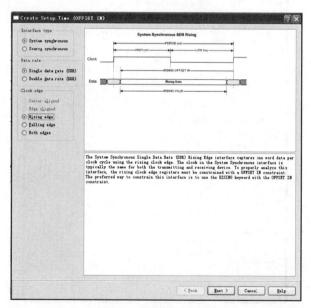

图 4-54　偏移类型选择

进入图4-55所示界面后用户可以设置输入端口信号建立时间与时钟信号有效边沿的延迟。设置完成后单击"Finish",完成全部时序约束。进入"Design"面板选中顶层文件后双击"Implement Design"进行电路设计的物理实现。完成后双击"Implement Design→Place & Route"下的"Analyze Timing / Floorplan Design (PlanAhead)",调起"PlanAhead"工具。该过程所需时间较长。

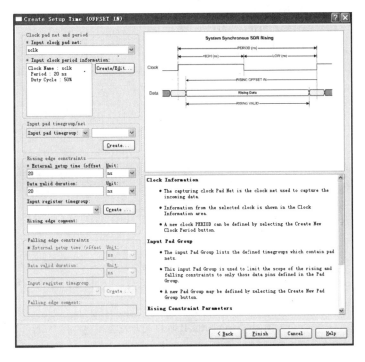

图4-55 设置输入延迟

调起"PlanAhead"工具后,在下方"Timing Checks"面板可以看到时序报告。在"Setup"和"Hold"中可以分别查看关键路径的延迟和建立时间、保持时间余量,如图4-56所示。

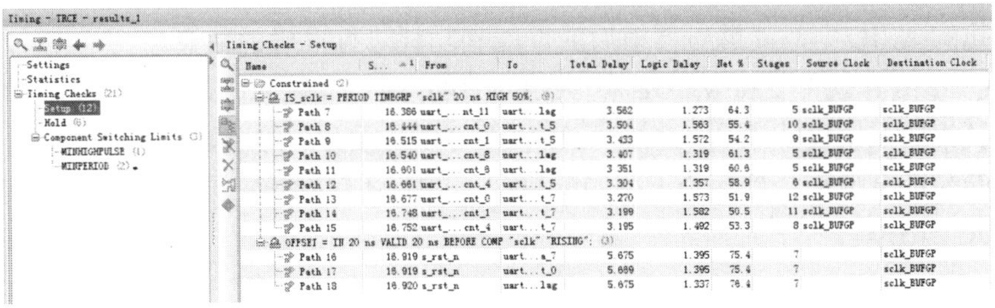

图4-56 时序报告

4.2　Quartus II 软件的使用

Altera 公司的 Quartus II 软件提供了 SOPC 设计的一个综合开发环境，是进行 SOPC 设计的基础。Quartus II 集成环境包括以下内容：系统级设计、嵌入式软件开发、PLD 设计、综合、布局和布线、验证与仿真。

Quartus II 软件根据开发人员需要提供了一个完整的多平台开发环境，它包含整个 FPGA 和 CPLD 设计阶段的解决方案。图 4-57 说明了 Quartus II 软件的开发流程。

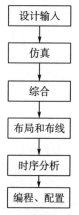

图 4-57　Quartus II 软件的开发流程

此外，Quartus II 软件允许用户在设计流程的每个阶段使用 Quartus 图形用户界面、EDA 工具界面或命令性界面。在整个设计流程中用户既可以使用这些界面中的一个，也可以在不同的设计阶段使用不同的界面。

Altera 公司技术领先的 Quartus II 软件可供顾客选择的 IP 核，可使设计人员在开发和推出 FPGA、CPLD 和结构化的 ASIC 设计的同时，获得无与伦比的设计性能、一流的易用性及最短的市场推出时间。这是设计人员首次将 FPGA 移植到结构化的 ASIC 中，能够对移植后的性能和功耗进行准确的估算。

Quartus II 软件支持 VHDL 和 Verilog HDL 的设计输入、基于图形的设计输入方式及集成系统设计工具。Quartus II 软件可以将设计、综合、布局和布线，以及系统的验证全部整合到一个无缝的环境中。其中，还包括第三方 EDA 工具的接口，如 MATLAB 等。

1. 项目建立

(1) 启动 Quartus II，显示图 4-58 所示界面，在该界面中，单击位于"Start Designing"下方的"New Project Wizard"，或者在主菜单中选择"File→New Project Wizard"。

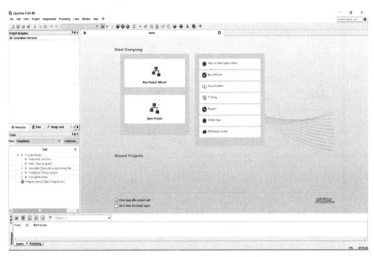

图 4-58　Quartus II 主界面

(2) 出现图 4-59 所示的工程项目建立页面，单击"Next"。

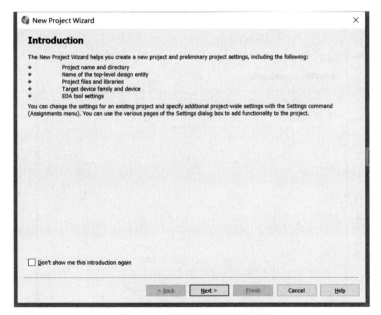

图 4-59　工程项目说明对话框

(3)弹出图 4-60 所示对话框。在这个对话框中有三个文本行,第一个文本行用来输入工程文件存放的地址,第二个文本行用于对所建项目命名,第三个文本行用来对顶层实体命名。在设计中,最好将顶层实体名和工程名命名一致,继续单击"Next"。

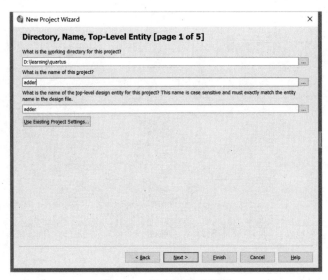

图 4-60 基本设置对话框

(4)如图 4-61 所示,这是"Add Files"对话框,用来给项目添加输入文件。如果设计中用户使用自定义的库,则需要单击"User Libraries",添加相应库文件,单击"Next"。

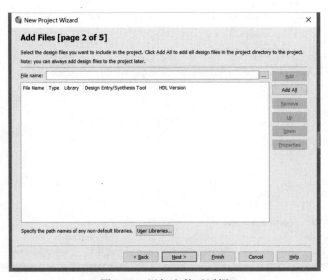

图 4-61 添加文件对话框

(5) 进入下一个对话框，如图 4-62 所示，在这个页面中，用户可以根据工程所需要的器件系列、管脚数目、封装形式等选择所需要的器件，继续单击"Next"。

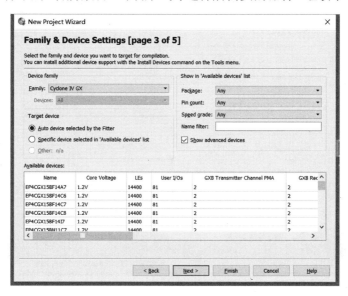

图 4-62　器件选择对话框

(6) 进入 EDA 工具设置对话框，如图 4-63 所示。在这个对话框中，用户可以根据自己的需求选择对应的 EDA 工具，继续单击"Next"。

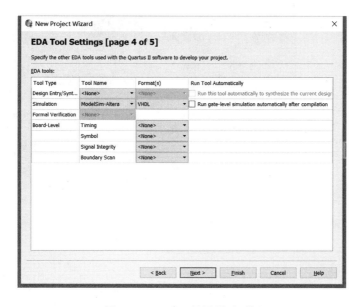

图 4-63　EDA 工具设置对话框

(7) 出现一个对用户上述选择的综合说明，如图 4-64 所示，单击"Finish"。

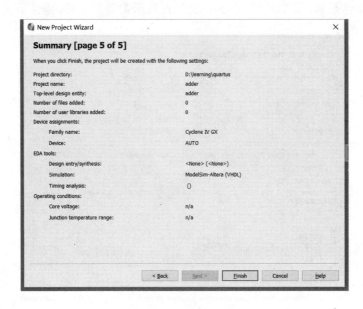

图 4-64　总结对话框

按照上述流程完成之后，创建了一个新的项目，创建完成后的界面如图 4-65 所示。

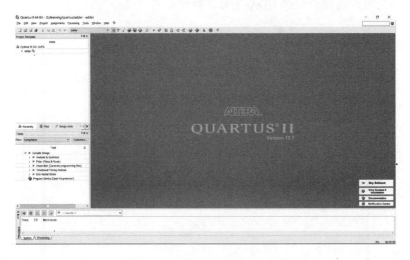

图 4-65　创建完成后的主界面

在这之后，用户便可以根据自身的需求进行相应的设计。在这里，将给读者介绍原理图设计方法及文本输入设计方法。

2. 设计方法

1) 原理图设计方法

在建立好工程文件之后，选择主菜单中的"File"，单击"New"，会出现图 4-66 所示的对话框，在对话框中选择"Block Diagram/Schematic File"，单击"OK"，就可以顺利进入图 4-67 所示的图形编辑界面，开始原理图设计。

图 4-66　文件类型选择对话框

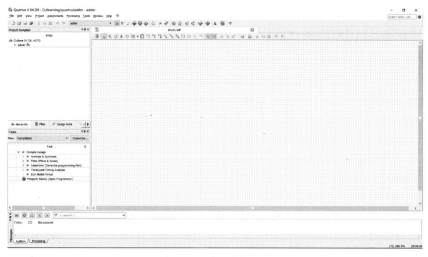

图 4-67　图形编辑界面

双击图 4-67 中的图形编辑区的空白处，会弹出图 4-68 所示的器件选择对话框。在这个对话框中，用户可以选择自己所需要的器件，如 7400，选择之后单击"OK"，即可在设计界面上加入所选择的器件。

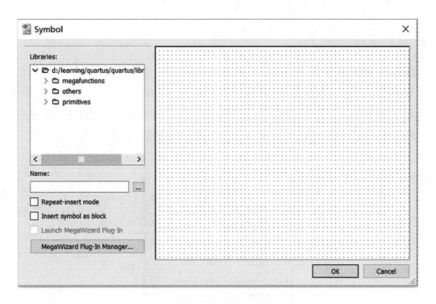

图 4-68 器件选择对话框

在器件选择对话框中左侧"Libraries"里面,包含了大量 Quartus II 程序中已经例化好的元件。"megafunctions"栏目中包含如计数器、存储器、解码器等功能模块;"others"中包含的是 MAX+PLUS II 元件库,包含众多 74 系列的元件;"primitives"是基本元件库,包括一些基本门电路、缓冲门及直流电源和接地等。

图 4-69 是由 74138 搭建的一位全加器电路图,可以看到,连线不必如同在纸上画电路图一样连接在一起,只在需要相接的两条线上取相同名字即可。

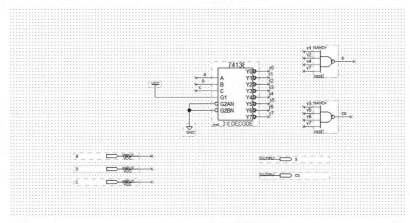

图 4-69 一位全加器电路图

设计好之后,选择"File"当中的"Save As",即可保存相应的设计。项目的编译将在之后进行。

2) 文本输入设计方法

将以 VHDL 设计为例，讲述文本输入设计的步骤。

在图 4-70 所示的文件类型选择对话框中选择"VHDL File"，进入文本输入页面，如图 4-70 所示。

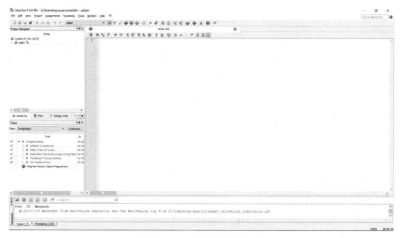

图 4-70　文本输入页面

在这个页面输入 VHDL 设计程序，以 8 位全加器为例，编写好相应代码后（图 4-71），选择主菜单中的"File"，单击"Save As"即可保存所输入的程序。文本输入完后即可进行编译和仿真。需要注意的是，用户可以在主菜单中按照"File→Creat/Update→Creat Symbol Files for Current File"顺序，生成所编译代码的功能模块，这个功能模块可以在原理图设计中使用。

```
1    LIBRARY IEEE;
2    USE IEEE.STD_LOGIC_1164.ALL;
3    USE IEEE.NUMERIC_STD.ALL;
4
5    ENTITY adder8 IS
6        PORT(a, b : IN STD_LOGIC_VECTOR(7 DOWNTO 0);
7             cin: IN STD_LOGIC;
8             sum : OUT STD_LOGIC_VECTOR(8 DOWNTO 0));
9        END adder8;
10
11   ARCHITECTURE beh_adder8 OF adder8 IS
12       BEGIN
13           sum<=('0' & a)+('0' & b)+("00000000" & cin);    --"&"为算数操作符中的并置操作符，用来使三个被加数长度一致
14   END beh_adder8;
15
```

图 4-71　8 位全加器代码

3. 文件编译

（1）Quartus II 的文件编译都是针对顶层实体进行的，所以当一个项目中有多个文件需要编译时，需要设置当前文件为顶层实体。设置顶层实体的步骤是：选择菜单中的"Project"选项，单击"Set Top-Level Entity"，将当前文件设置为顶层实体。

（2）单击工具栏上的"Start Compilation"即可开始进行文件编译。在编译过

程中，如果发现错误就会立刻停止编译，在界面下方的"Message"栏目中会列出错误的地方和出错的原因。如果程序没有出错，那么编译将会顺利完成，最后给出编译报告，如图 4-72 所示。

图 4-72　编译成功后界面

4. 文件仿真

Quartus II 作为一款设计软件，带有仿真的功能。当其设计程序编译完成没有错误时，可以进行文件的仿真。仿真采用的是第三方仿真软件 ModelSim-Altera，在安装 Quartus II 时，一般都会捆绑安装 ModelSim-Altera。用户可以打开 ModelSim-Altera 软件，通过编写和添加 TestBench 测试文件进行设计的仿真。在这里，将介绍一种比较方便、常用的仿真方法。

(1) 在文件编译好之后，在菜单中打开"File"，单击"New"，添加"University Program VWF"文件，如图 4-73 所示。

图 4-73　添加 University Program VWF 文件

(2) 添加完成后该文件会自动弹出，右击左侧"Name"下的空白处，出现一系列选项后，找到"Insert Node or Bus"，如图 4-74 所示。

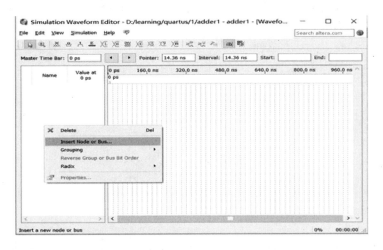

图 4-74　University Program VWF 界面

(3) 选择"Insert Node or Bus"后，会出现一个如图 4-75 所示的对话框。

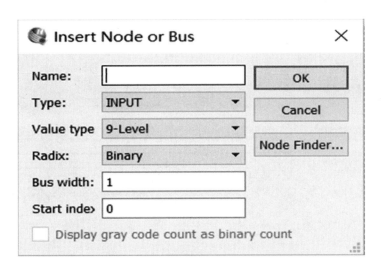

图 4-75　添加仿真信号

(4) 选择"Node Finder"，出现下一对话框，再单击"List"就会出现之前编辑程序时所涉及的所有信号接口，如图 4-76 所示。

(5) 将所需要的信号从左边拖入右边之后即可开始进行仿真。该仿真界面如图 4-77 所示。

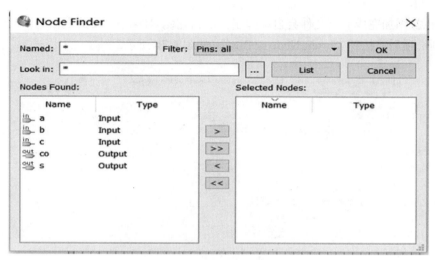

图 4-76　节点寻找

(6) 在此界面上，单击所需信号，在工具栏上选择此信号的初始值即可对信号进行赋值。需要注意的是，只有与输入有关的信号才能被赋值，输出信号无法赋值。赋值之后，单击工具栏中间的"Run Functional Simulation"即可启动 ModelSim 进行仿真，如图 4-78 所示。

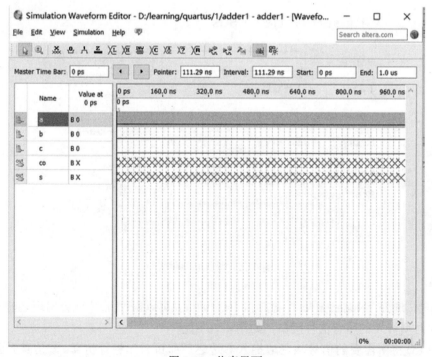

图 4-77　仿真界面

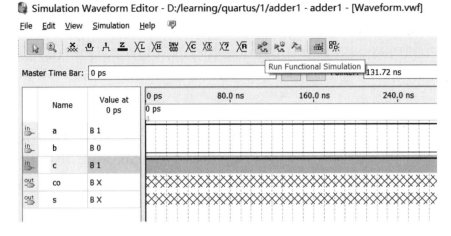

图 4-78 开始仿真

等待一段时间后,仿真结果会自动弹出,如图 4-79 所示。

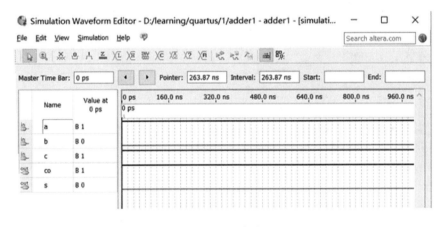

图 4-79 仿真结果

仿真结果只能用于查看,不可在上面进行修改。如果需要其他仿真结果,则需要返回到设置信号初值。

4.3 ModelSim 软件的使用

ModelSim 软件是一款功能强大的仿真软件,具有速度快、精度高和便于操作的特点,此外其还具有代码分析能力,可以分析不同代码段消耗资源的情况。其功能侧重于编译和仿真，不能制定编译的器件和不具有下载配置的能力，所以需要和 ISE、Quartus 等软件关联使用。

本小节主要简要介绍 ModelSim Altera10.1d 的使用方法，主要包括建立工程和基本的仿真。

1. 启动 ModelSim

在已经正确安装 ModelSim Altera10.1d 软件工具之后，单击"开始→所有程序→Xilinx Design Tools_1→Xilinx Design Suite 14.6→ISE Design Tools→Project Navigator"进入界面，如图 4-80 所示。

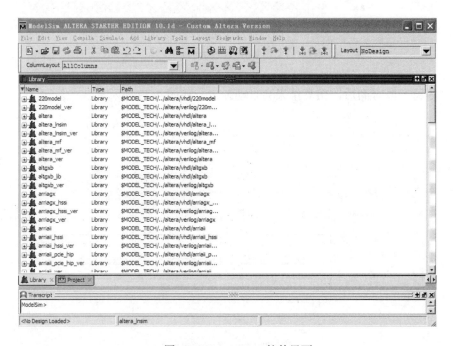

图 4-80　ModelSim 软件界面

2. 建立库

(1) 在新建工程 (Project) 前，先建立一个工作库 (Library)，一般将这个"Library"命名为"work"，尤其是第一次运行 ModelSim 时。是没有这个"work"的，但"Project"一般都是在这个"work"下面工作的，所以需要先建立这个"work"。单击"File→New→Library"，如图 4-81 所示。

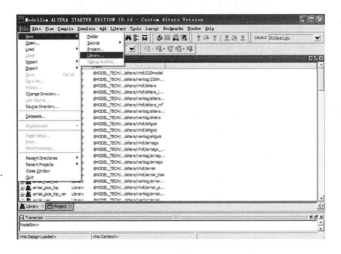

图 4-81 新建库

出现一个对话框，如图 4-82 所示，问是否要创建"work"，单击"OK"。如果在"Library"中有"work"，就不必执行以上步骤了，直接建立工程。

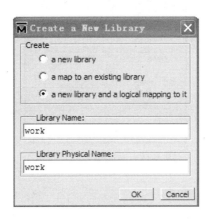

图 4-82 新建库对话框

3. 新建工程

单击"File→New→Project"，弹出对话框如图 4-83 所示。在"Project Name"中写入工程的名字，这里写一个 D 触发器，所以命名"DFF"，单击"Project Location"栏的"Browse"选择要存放的路径，然后单击"OK"。

图 4-83　新建工程对话框

4. 建立源文件

建立新的源文件，在图 4-84 中单击"Creat New File"，弹出的对话框如图 4-85 所示，填写文件名，选择文件类型为"VHDL"。若要添加已经存在的源文件，则单击"Add Existing File"选项，打开已有的"VHDL"源文件，选取文件，选中对话框下面的"Reference from current location"选项，然后单击"OK"确认。

图 4-84　添加源文件对话框

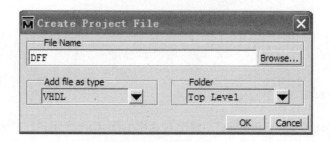

图 4-85　新建源文件对话框

在 Project 窗口出现了一个"DFF.vhd"的文件，如图 4-86 所示，这就是刚刚新建的"File"。

第 4 章　EDA 开发设计流程

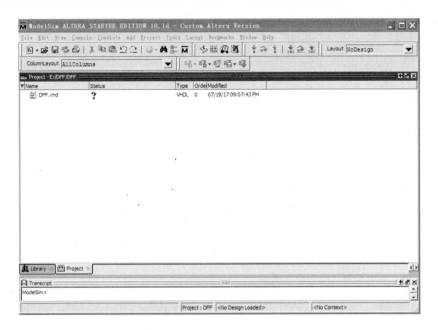

图 4-86　DFF.vhd 的文件

双击"DFF.vhd"会出现程序编辑区，如图 4-87 所示，下面写一个简单的 D 触发器代码：

```vhdl
library IEEE;
use IEEE.STD_LOGIC_1164.ALL;
entity DFF is
port(
clk:in std_logic;
d:in std_logic;
reset:in std_logic;
q:out std_logic);
end DFF;
architecture Behavioral of DFF is
begin
process(clk,reset)
begin
if (reset='1')
then q<='0';
elsif (clk'event and clk='1')
then q<= d;
```

```
end if;
end process;
end Behavioral;
```

编辑完之后保存,关闭此窗口。

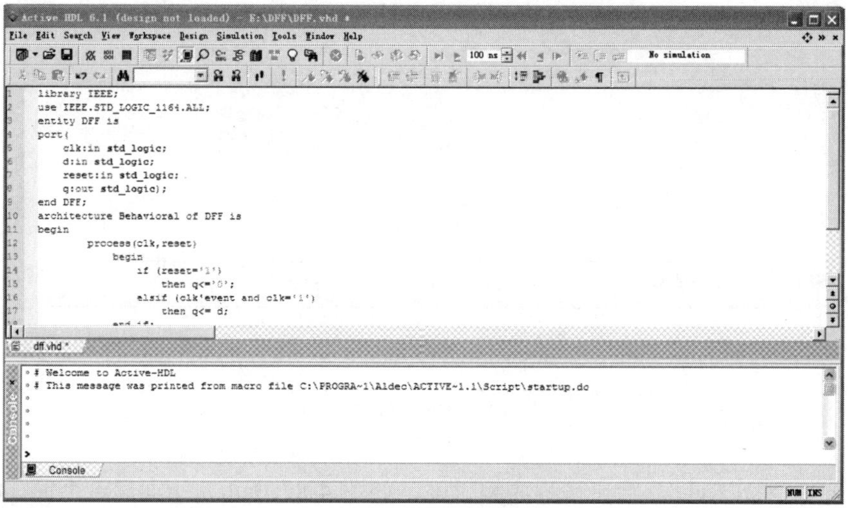

图 4-87　D 触发器代码编辑区

5. 建立测试文件

每个主程序都要配套地编写一个测试程序,Test Bench 给主程序提供时钟和信号激励,使其正常工作,产生波形图。

在 Project 窗口的空白区域右击,选择"Add to Project→New File",出现图 4-88 所示的对话框,写入测试程序的名字"DFF_TB",TB 是 Test Bench 的意思,文件类型选择"VHDL"。

图 4-88　建立测试文件对话框

这样就把测试文件"DFF_TB"加载到"Project"中,双击"DFF_TB.vhd",

在弹出来的程序编辑窗口编写代码，如图4-89所示。测试代码如下：

```vhdl
LIBRARY ieee;
USE ieee.std_logic_1164.ALL;
ENTITY DFF_TB IS
END DFF_TB;
ARCHITECTURE behavior OF DFF_TB IS
COMPONENT DFF
PORT(
clk : IN std_logic;
d : IN std_logic;
reset : IN std_logic;
q : OUT std_logic
);
END COMPONENT;
signal clk : std_logic := '0';
signal d : std_logic := '0';
signal reset : std_logic := '0';
signal q : std_logic;
constant clk_period : time := 10 ns;
BEGIN
uut: DFF PORT MAP (
clk => clk,
d => d,
reset => reset,
q => q
);
clk_process :process
begin
clk <= '0';
wait for clk_period/2;
clk <= '1';
wait for clk_period/2;
end process;
   stim_proc: process
```

```
begin
  reset<='1';
    wait for 100 ns;
reset<='0';
d<='1';
    wait for clk_period*10;
d<='0';
  wait for 100 ns ;
d<='1';
    wait for 100 ns ;
d<='0';
wait for 100 ns ;
d<='1';
wait for 100 ns ;
d<='0';
    wait;
  end process;
END;
```

编辑完之后点击保存，关闭此窗口。

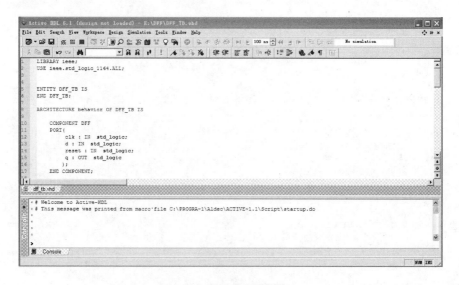

图 4-89　测试代码编辑窗口

6. 编译代码

在"DFF.vhd"的文件上右击,选择"Compile",是"Compile All"还是"Compile Selected"都可以,就看自己的选择,然后单击该选项,如图 4-90 所示。

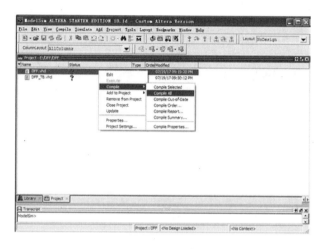

图 4-90　编译代码

编译成功后,"DFF.vhd"和"DFF_TB.vhd"后面的"？"变成了绿色的对勾,并且在最下方的"Transcript"栏目中出现了"successful"字样,说明编译成功,如图 4-91 所示,否则会报错,就要回到程序中修改,只有编译成功后,才能继续进行后面的仿真。

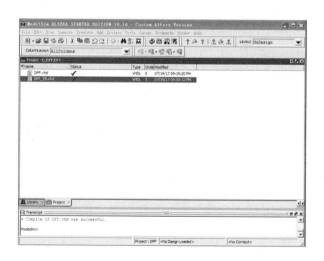

图 4-91　编译成功

7. 运行仿真

(1) 编译完之后，在屏幕左下角有一个"Library"和"Project"的切换窗口，单击"Library"，再单击"work"前的"+"号，将其展开，会看到两个文件，分别是刚刚建立的"DFF.vhd"和"DFF_TB.vhd"。仿真不用两个文件都"Simulate"，只需"Simulate"测试文件即可，选择"DFF_TB.vhd"，击右击，选择"Simulate"，如图 4-92 所示。

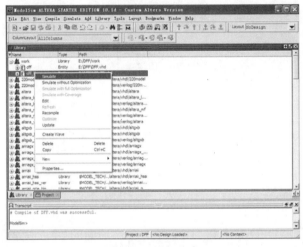

图 4-92　运行仿真

(2) 在菜单栏的"View"勾选"Objecs"和"Wave"，如图 4-93 所示。

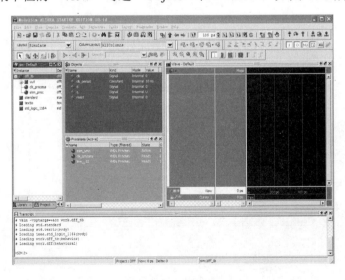

图 4-93　仿真设置

(3) 按住 Ctrl 键选中"clk""d""q""reset"四个信号,右击选择"Add to→Wave→Selected signals",如图 4-94 所示。

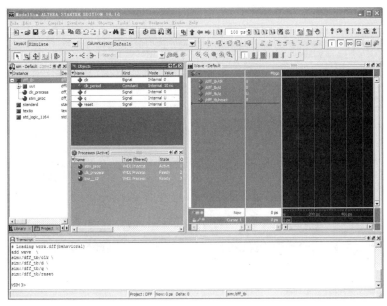

图 4-94　添加信号

(3) 在工具栏的"100 ps"处可以修改仿真时间,再单击旁边的"　"就可以开始仿真,按住左键滚动鼠标滑轮可以缩放波形,如图 4-95 所示。

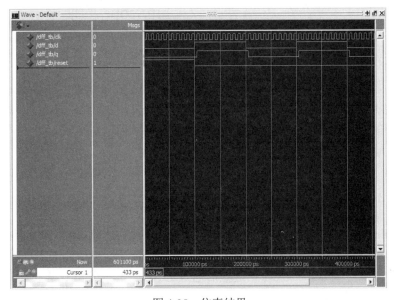

图 4-95　仿真结果

(4) 当 ModelSim 在仿真时,修改程序、编译都是无效的,也不能强行关闭软件,这时就需要手动停止仿真,以便进行其他操作,选择菜单中的"Simulate→End Simulation",如图 4-96 所示。

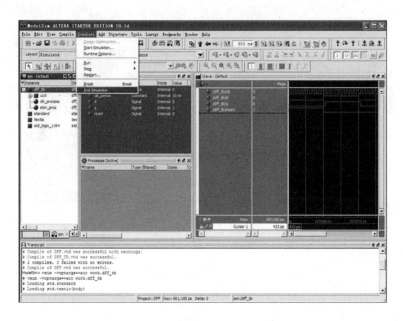

图 4-96　停止仿真

4.4　在线逻辑分析仪 ChipScope 的使用

　　逻辑分析仪是 FPGA 开发中一个重要的调试工具,但是传统的逻辑分析仪不仅价格高,而且操作麻烦。Xilinx 公司提供的在线逻辑分析仪 ChipScope 不仅具有逻辑分析仪的功能,还可以观察 FPGA 内部的任何信号、触发条件、数据宽度,同时深度的设置也非常方便,而且价格低、操作使用简单。ChipScope 既可以独立使用,也可以在 ISE 中使用。

4.4.1　ChipScope Pro 简介

　　ChipScope Pro 的主要功能是通过 JTAG 接口在线实时读出 FPGA 的内部信号。它的基本原理是利用 FPGA 中未使用的 BlockRAM,根据用户设定的触发条件将信号实时地保存到 BlockRAM 中,然后通过 JTAG 接口传送到计算机,显示出时序波形。

ChipScope Pro 的使用流程是：①利用 Core Generator（核产生器）生成系统控制模块的 ICON 核；②生成各类逻辑分析核，设定触发及数据线宽度和采集长度，并将其与 ICON 核关联；③完成设计及相关核的综合，并将设计中期望观察的信号与分析核的触发及数据信号连接；④完成整体系统的实现并下载到芯片中；⑤打开 ChipScope Analyzer 设定触发条件，观察波形。

4.4.2　ChipScope Pro 使用

1. 在工程中添加 ChipScope Pro 文件

（1）打开工程和 VHDL 源文件，先在综合中设置保持层次，以便在 ChipSope 中保持原电路代码结构，右击"Synthesize-XST"，选择"Process Properties"，如图 4-97 所示。

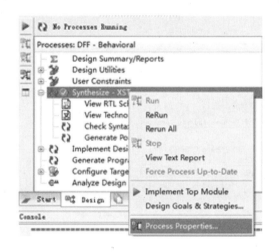

图 4-97　Process Properties 设置

在"keep Hierarchy"中选择"Yes"，如图 4-98 所示，即设置综合时保持层次，这样在综合后的电路中会保持模块化，方便找到想观察的信号。否则，很多信号会被优化掉，从而 ChipScope 找不到想要的信号来观察。

（2）在菜单栏中选择"Project→New Source"，出现图 4-99 所示对话框，选择源文件类型"ChipScope Definition and Connection File"，输入文件名"DFF_chipscope"，点击"Next"，如图 4-99 所示。

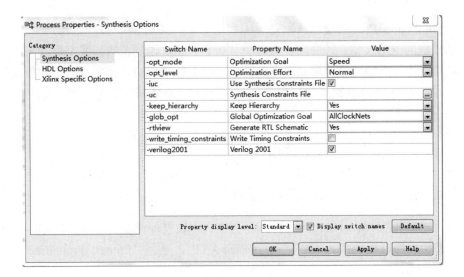

图 4-98 Keep Hierarchy 栏设置

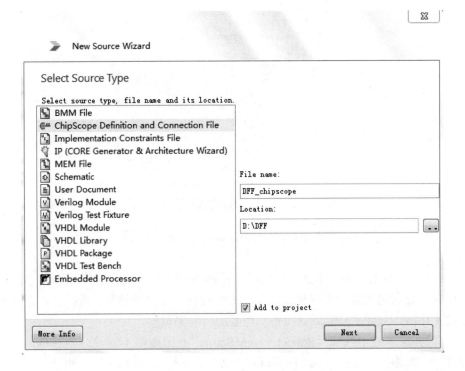

图 4-99 新建 ChipScope Pro 文件对话框

弹出图 4-100 所示的总结对话框，单击"Finish"。

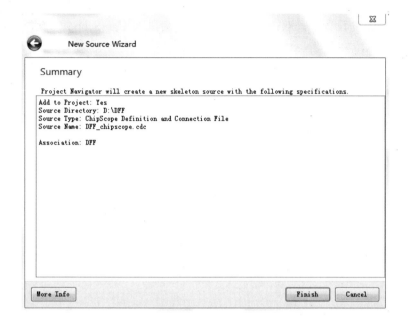

图 4-100 总结对话框

可以观察到在源文件窗口下出现一个"DFF_chipscope.cdc"文件，如图 4-101 所示。

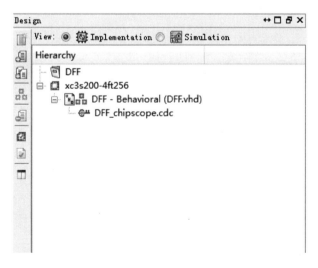

图 4-101 出现 DFF_chipscope.cdc 文件

2. 在 ISE 中调用 ChipScope

(1) 双击"DFF_chipscope.cdc"文件，进入 cdc 设置窗口，单击"Next"就开

始 ChipScope 的设置了，双击"ChipScope"，会进入 ChipScope 的操作界面，如图 4-102 所示，单击"Next"。

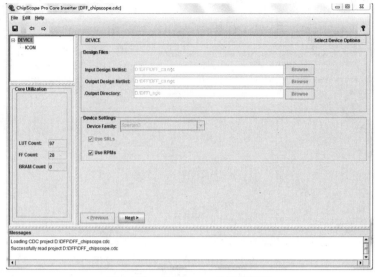

图 4-102　ChipScope 的操作界面

(2) 进入 ILA 的设置，单击右下角的"New ILA Unit"，单击"Next"，如图 4-103 所示。

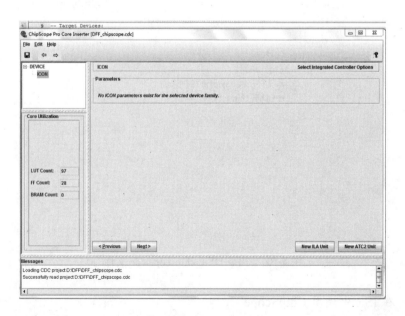

图 4-103　ILA 的设置

第4章 EDA 开发设计流程

(3) 首先是"Trigger Parameters"设置：

"Number of Input Trigger Ports"表示触发端口个数，而每个触发端口又最大可以容纳 256 位的数据(2 处)，也就是说大部分时候，只需要 1 个触发端口就足够。但是最好把需要观察的信号分布在几个触发端口里，不仅方便添加和删除，而且对于一组总线信号来说，把它们单独放在一起，有利于在观察信号时触发信号的设置。

"Trigger Width"，即该端口的信号宽度，最大为 256 位，这里设置的位数与后面连接的信号数必须相匹配，因此这里先填大一点，然后根据后面连接的信号数返回该处修改，否则当连接信号时发现位数不够又要先返回该处修改，再回去连接信号，比较麻烦。

"Match Type"设置触发条件，一般设置"Basic w/edges"，这样可以设置当信号处于 0、1、上升沿、下降沿时触发。其中，R 代表上升沿，F 代表下降沿。

"Counter Width"是计数器的设置，即同一触发条件发生多少次后，才开始触发，也可以设置为"Disabled"。

在下面图 4-104 的窗口中进行 ChipSope 参数配置，之后单击"Next"。

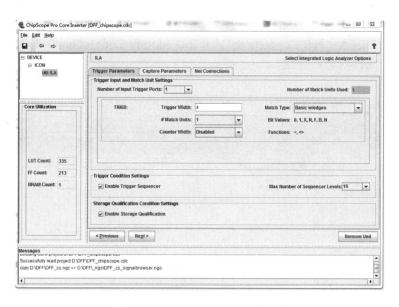

图 4-104　Trigger Parameters 设置

(4) 然后进入"Capture Parameters"，这里主要设置的是取样深度，如果需要一次取样到很多信号，则将深度设置得大一点，这项设置与所使用的 FPGA 自带的 RAM 大小相关，如果设置过大在"Implement"时会报错，图 4-105 设置取样深度为 2048，单击"Next"。

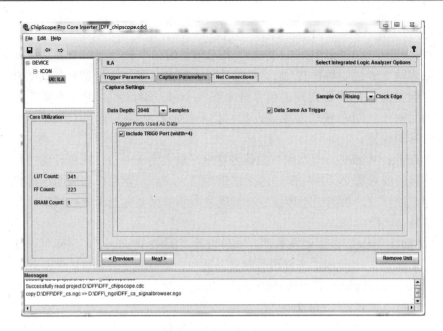

图 4-105　Capture Parameters 设置

(5) 最后进入"Net Connections",单击"Modify Connections"来添加需要监测的信号和时钟信号,如图 4-106 所示。

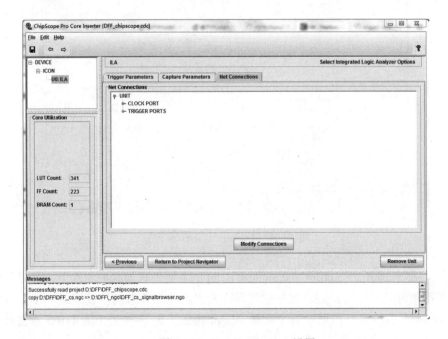

图 4-106　Net Connections 设置

进入信号连接界面。首先是添加采样时钟信号，一般是系统时钟，单击"通道→选择信号"再单击"Make Connections"即可，如图4-107所示。注意，选择信号的时候要选带"BUF"后缀的，也就是经过内部"BUF"处理的信号，否则无法生成".bit"文件。（如果要检测模块里一个称为"reset"的信号，那么选择"reset_BUF"，而不是"reset"）

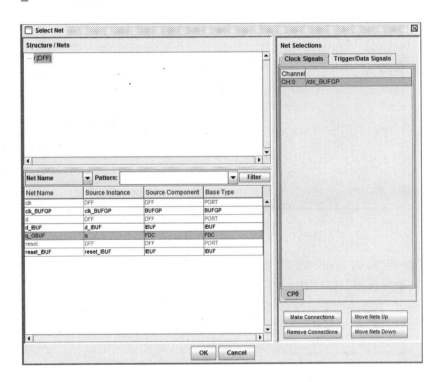

图4-107 添加采样时钟信号

然后是其他信号的连接。如果有很多需要监测的信号，可以在"Structure/Nets"处选择相应的模块，再寻找其中的信号，这就是之前要设置保持层次的原因。也可以使用搜索功能，在如图4-108处输入信号名，后面需要带有"*"，就可以找到选定模块里的对应信号。

图4-108 搜索信号

"Triggle/Data Signals"处即为连接好的信号，如图4-109所示，单击"OK"。

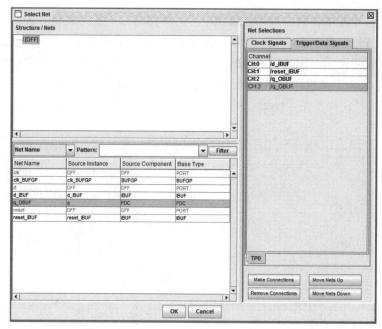

图 4-109　添加其他信号

(6) 回到"Net Connections"。如果连接的信号数与之前在"Trigger Parameters"中设置的宽度相同，则"Trigger Port"是黑色的，否则为红色，这时在"Trigger Parameters"中修改一下宽度即可，如图 4-110 所示，（一般是模块里除了 CLK 之外的所有信号数量，否则无法生成".bit"文件）。

图 4-110　重置 Triggle Width

所有设置完成后，单击保存。

(7)生成".bit"文件：双击"Generate Programming File"，如图 4-111 所示。第一次运行会比较慢。

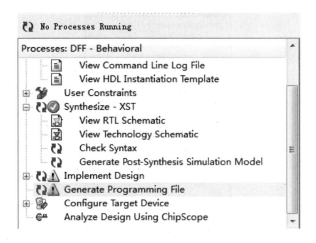

图 4-111　生成".bit"文件

3. 在 ChipScore Pro 完成下载和观察

(1)在 ISE 中双击"Analyze Design Using ChipScope"，可自动打开 ChipScope Pro Analyzer 软件，如图 4-112 所示，触发条件采用默认值。

(2)单击工具栏上的图标，初始化边界扫描链。等扫描完成后，单击"Device→DEV:0 My Device0→Configure"命令配置芯片。

(3)单击工具栏的运行图标开始采集数据，并可观察到数据波形。

图 4-112　ChipScope Pro Analyzer 软件界面

完成后在 Project 面板会显示扫描到的 FPGA 器件，右击该器件，选择"Configure"，弹出图 4-113 所示窗口。

图 4-113　添加 FPGA 配置文件

单击"JTAG Configuration"面板中的"Select New File"，导入 FPGA 配置文件。导入后单击"OK"即可完成导入。完成后单击菜单栏的"File→Import"，导入".cdc"文件。此时弹出图 4-114 所示窗口。

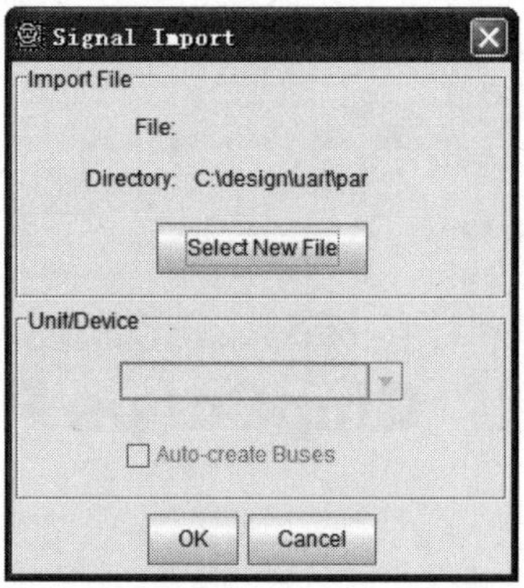

图 4-114　导入".cdc"文件

在弹出的窗口中单击"Select New File"，导入生成的".cdc"文件。导入后单击"OK"即可。

双击"Project"面板的"Trigger Setup",然后在右边的观察信号组中,单击"M0:TriggerPort0",将之前所选信号展开。设置触发条件,在所选触发信号的"Value"栏中填写触发条件,R 代表上升沿,F 代表下降沿,1 代表高电平,0 代表低电平,如图 4-115 所示。

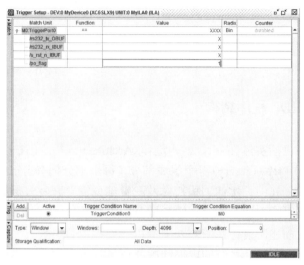

图 4-115　设置触发条件

双击"Project"面板的"Waveform"选项,进入图 4-116 所示界面,单击三角形的运行图标即可开始运行。当满足触发条件时,产生相应波形。

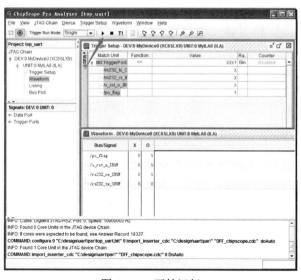

图 4-116　开始运行

第 5 章 硬件描述语言简介

5.1 VHDL

5.1.1 VHDL 程序结构

VHDL 程序包括实体(Entity)、构造体(Architecture)、配置(Configuration)、程序包(Package)和库(Library)五个组成部分,每个部分拥有自己的功能,各个部分之间相互联系。其中,实体、构造体及配置部分需要开发人员编写,而程序包和库一般采用调用的方式。下面介绍各部分的主要功能。

实体:用于描述所设计系统的外围接口信号和内部参数。

构造体:描述所设计系统的内部结构和逻辑行为。

配置:为设计单元从多个构造体中选取合适的构造体或者从库中选取合适的元件,以便于进行设计单元的仿真与综合。

程序包:存放各设计模块都能共享的数据类型、常数与子程序。

库:存放已经编译的元件和程序包,以便在设计单元中使用。一般由芯片厂商提供或者用户自己编写。

并不是每个 VHDL 程序均要包含上述 5 个部分,但一个实体和一个与之匹配的构造体是必要的。

1. 实体

如果将整个程序比作一个黑盒子,那么实体的主要功能是描述黑盒子的外围接口而不是描述电路内部的结构。实体是 VHDL 程序中最基本的部分。实体说明语法结构如下:

```
ENTITY <实体名> IS
    [类属参数声明]
    [端口声明]
END;
```

注:有"[ ]"的部分表示可以省略,下同。

规定类属参数声明要放在端口声明前,类属参数主要用于定义待定参数,如器件延迟时间等。

例如：

```
GENERIC(tcq: TIME:= 2ns)
```

这个声明表示 tcq 是一个大小为 2ns 的时间参数。

端口说明描述的是设计单元与外部接口，具体来说是对端口名称、数据类型、信号模式等进行描述。其格式如下：

```
PORT(
    端口名,…,端口名：方向数据类型；
    端口名,…,端口名：方向数据类型
    );
```

端口方向分为：

IN：输入且不能被输出。

OUT：输出，且不能在内部进行反馈使用。

INOUT：双向信号，既可输入又可输出。

BUFFER：输出，且可在内部进行反馈使用。

【例 5-1】2-4 解码器的实体声明。

```
ENTITY decode IS
PORT(
    a, b, en: IN BIT
    q0, q1, q2, q3 :OUT BIT
    );
END;
```

a、b 和 en 为输入端口，数据类型为 BIT；q0~q3 为输出端口，数据类型为 BIT。

2. 构造体

实体说明只是说明一个"黑盒子"的外部接口，而"黑盒子"的内部结构就需要用构造体来进行描述。构造体用来描述所设计实体的内部结构和各端口之间的联系或者内部信号之间的逻辑关系，构造体定义了设计单元所具有的功能。一个实体可以拥有多个构造体，但构造体一定要跟在实体后面。

构造体的结构如下：

```
ARCHITECTURE 构造体名 OF 实体名 IS
    [构造体说明]        --内部信号，常数，数据类型，函数等的定义
BEGIN
并行处理语句；
END 构造体名；
```

并行处理语句部分可以采用行为级、RTL 和结构级三种描述方式。行为级描述方式的抽象程度最高，从语句中基本看不出整个电路的结构。RTL 描述方式又称为数据流风格的描述方式，通过各信号之间的逻辑关系进行整个电路的描述。因此，RTL 描述方式隐藏着电路的基本结构。结构级描述方式则是详细地描述了黑盒子里面各组成部分的连接关系。结构级描述方式的程序设计效率最高。

【例 5-2】两输入与门的构造体。

```
ARCHITECTURE and2 OF example IS
BEGIN
    c<= a and b AFTER 5ns;
END and2;
```

3. 配置

在构造体中，介绍了一个实体可以有多个构造体。那么如何从多个构造体中选择合适的一个与实体对应，需要配置的帮助。

配置语句格式：

```
CONFIGURATION 配置名 OF 实体名 IS
    [配置语句]；
    END 配置名；
```

【例 5-3】配置语句。

```
CONFIGURATION decode_con OF decode IS
FOR behav
END FOR;
END decode_con
```

上述语句表明选择了构造体 behav 作为实体 decodec_on 的构造体。

4. 程序包与库

1) **程序包**

程序包可以定义一些公用的子程序、常量及自定义数据类型。各种 VHDL 编译系统往往都含有多个标准程序包，如 STD_LOGIC_1164 和 Standard 程序包。用户可以自己编译程序包。程序包由说明单元和包体单元两个独立的编译单位构成，一般格式如下：

```
    PACKAGE 程序包名 IS
说明单元；
    END [程序包名]；
    PACKAGE BODY 程序包名 IS
```

包体单元;
    END [程序包名];

2) 库

库是一些常用 VHDL 代码的集合,数据类型、函数、子程序等一些公用可复用的 VHDL 代码均包括在库中。VHDL 的库常见的有 IEEE 库、Std 库和 Work 库。IEEE 库中包含 STD_LOGIC_1164 程序包,该程序包是最常见和常用的。还有 NUMERIC_STD 程序包,如果程序中涉及计算,需要添加此程序包作为支撑。Std 库中含有两个设计程序包:标准包(Standard)和文本包(Textio)。Work 库中接收用户自编的设计单元。访问 IEEE 库中的程序包,语句如下:

    LIBRARY IEEE;
    USE IEEE.ALL;

或者

    LIBRARY IEEE;
    USE IEEE.STD_LOGIC_1164.ALL;

5. 小结

在前面已经了解组成 VHDL 程序各部分的定义及它们之间的联系,在本小节中,将通过一些例子让读者更为直观地了解 VHDL 程序的结构。

【例 5-4】2-4 译码器的设计。

2-4 译码器的电路原理图如图 5-1 所示。

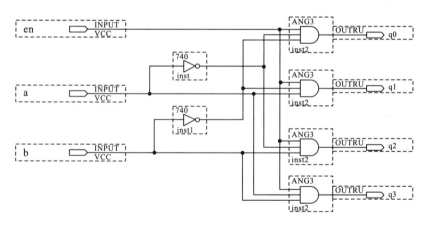

图 5-1 2-4 译码器的电路原理图

由图 5-1 可以发现,此译码器由 2 个反相器和 4 个三输入与门构成,为了搭建完整电路,先对两个子模块反相器和三输入与门进行描述。

子模块反相器源程序 inv、vhd 如下:

```
ENTITY inv IS
    PORT (a: IN BIT;
b: OUT BIT);
END inv;--反相器的实体描述

ARCHITECTURE beh_inv OF inv IS
BEGIN
    b<=NOT (a) AFTER 5ns;
END beh_inv;--反相器内部结构描述

CONFIGURATION invcon OF inv IS
    FOR beh_inv
    END FOR ;
END invcon ;--构造配置体 invcon，将实体 inv 与构造体 beh_inv 配置到一起。
```

三输入与门源程序 and3.vhd 如下:

```
ENTITY and_3 IS
PORT(a1, a2, a3:IN BIT;
o1:OUT BIT);
END and_3;

ARCHITECTURE behav OF and_3 IS
BEGIN
o1<=a1 AND a2 AND a3 AFTER 5ns;
END behav;

CONFIGURATION and3con OF and_3 IS
    FOR behav
    END FOR ;
END and3con ;
```

现在已经对译码器的两个组成模块进行描述，可以用这两个模块搭建 2-4 译码器电路。

2-4 译码器程序 decode.vhd 如下:

```
ENTITY decoder IS
```

```
PORT(a, b, en: IN BIT;
q0, q1, q2, q3 :OUT BIT);
END decoder;

ARCHITECTURE structural OF decoder IS
COMPONENT inv
PORT(a: IN BIT;
b: OUT BIT);
END COMPONENT;
COMPONENT and_3
PORT(a1,a2,a3:IN BIT;
o1: OUT BIT);
END COMPONENT;
SIGNAL nota, notb: BIT;
BEGIN
      I1: inv
         PORT MAP (a, nota);
      I2 : inv
         PORT MAP (b, notb);
      A1: and_3
         PORT MAP(nota, notb, en, q0);
      A2: and_3
         PORT MAP(a, notb, en, q1);
      A3: and_3
         PORT MAP(nota, b, en, q2);
      A4: and_3
         PORT MAP(a, b, en, q3);
END structural;

CONFIGURATION decode_con OF decoder IS
     FOR structural
FOR ALL:inv USE CONFIGURATION work.invcon ;
        END FOR;
FOR ALL: and_3 USE CONFIGURATION work.and3con;
END FOR;
```

```
        END FOR;
    END decode_con;
```

该程序的第一、二行是声明参考库并说明引用程序包，再在程序中由实体定义整个模块的外接端口，再由构造体定义内部电路如何连接，最后由配置确定内部所用元件的架构。

由这个小程序读者可以大概理解 VHDL 程序中各部分的区别与联系，也可以了解组合逻辑电路的 VHDL 描述。其中的一些语法和语句将放在后面章节中讨论。

【例 5-5】D 锁存器的设计。

```
LIBRARY IEEE;
USE IEEE.STD_LOGIC_1164.ALL;
ENTITY latch_d IS
    PORT(clk,d :IN STD_Logic;
q,nq :OUT STD_Logic);
    END latch_d;
    ARCHITECTURE behav_latchd OF latch_d IS
    BEGIN
        PROCESS(clk,d)
        BEGIN
            IF clk= '1' THEN
q<=d;
nq<=NOT d;
            ELSE
                q<=q;
                nq<=nq;
            END IF;
        END PROCESS;
    END behav_latchd;
```

由这个小程序读者可以大致了解时序逻辑的 VHDL 描述。与例 5-4 相同，一些语法与语句将在 5.1.2 节讨论。

5.1.2 VHDL 要素

1. 标识符

在 VHDL 程序中，需要对编写的实体、构造体、变量和信号进行命名。命名当然需要一定的规则约束，否则 EDA 软件会无法识别，导致不必要的麻烦。VHDL

标识符要求以字母开头,结尾不能为下划线且两个下划线不能相邻。例如,a3_5b、full_adder、b981ac 均可以作为标识符。另一种标识符为扩展标识符,以反斜杠"\"界定,扩展标识符可以以数字或字母开头,如\74LS163\、\VERY hard\等。

VHDL 程序中有一些保留字,如 PROCESS、BEGIN 等,它们不可被用作标识符。

2. 数据对象

VHDL 中有 4 类对象:SIGNAL(信号)、VARIABLE(变量)、CONSTANT(常量)和 FILE(文件)。常量用于定义延迟、功耗等参数,也可以给信号或者变量赋值,简化代码编写时的工作量。每个常量只能被赋值一次;变量和信号可以进行多次赋值,信号可以被 EDA 工具综合成两电路节点之间的连线、触发器或者锁存器,变量通常用于抽象的算法描述中;文件类对象用于文件的读与写,主要用在文档处理中。这 4 类对象中,信号与变量最为重要。

1)信号

信号是电路内部各连线的抽象表示,可以在实体、构造体、程序包中进行声明。

信号的声明语法格式如下:

```
SIGNAL 信号名:数据类型 [:=初始值];
```

【例 5-6】

```
SIGNAL clk : STD_LOGIC;        --声明信号 clk 为 STD_LOGIC 类型,未设置初值
SIGNAL a0 : BIT:='0';          --声明信号 a0 为位型信号,初始值为低电平
```

信号的初始值不是必须设置的,且初始值只在仿真时有用,无实际物理意义。一般设计中,先对信号进行数据类型的声明,再在必要的时候对信号进行赋值。信号赋值语句的格式如下:

```
目标信号名<=表达式;
```

这里的表达式可以是运算式也可以是数据对象。"<="表示赋值,信号的赋值一般有延迟,称为 Δ 延迟。同时,开发人员可以自己设置延迟。例如,a<='1' AFTER 3ns。但是这种设置延迟的方式是没有任何物理意义,不能物理实现。这种语句在进行算法设计或者电路仿真编写 Test Bench 时可以使用。

2)常量

常量是设计中不可改变的值,主要作用是提高代码的可读性和可修改性。在程序中一般使用字符而不用数字,如果想修改某一数值,可直接在常量声明处进行修改。常量声明的格式如下:

```
CONSTANT 常量名:数据类型:=初值;
```

例如:

```
CONSTANT width_a : INTEGER:= 4
CONSTANT tcq : TIME:=10ns
```

常量可以在实体、构造体、进程、子程序和程序包中进行声明。常量一旦赋值就不可再更改。若需要改变常量值，则只能改变常量声明。常量声明的位置决定常量可使用的范围，如果常量在实体中声明，则该实体所有构造体都使用此常量值；如果常量声明仅在单个构造体中，那么其他构造体不可使用此常量值。

3) 变量

变量是一个局部量，用于对数据的暂时性存储，只能在进程(PROCESS)和函数(FUNCTION)中使用。变量声明的格式如下：

```
VARIABLE 变量名：数据类型[:=初始值];
```

例如：

```
VARIABLE a : INTEGER;
VARIABLE l, m, n : STD_LOGIC_VECTOR(3 DOWNTO 0);
VARIABLE vdd : STD_LOGIC := '1';
```

变量声明中可以不用对变量赋值，当需要时可以用变量赋值语句进行赋值。格式如下：

变量名：=表达式；

【例 5-7】

```
VARIABLE x, y : INTEGER;
    x :=50;
    y :=77-x;
```

3. 数据类型

VHDL 中，任何常数、变量、信号及各种参数和函数均需要声明对应的数据类型，不同数据类型之间不能互相联系。数据类型一般分为两个大类：预定义数据类型和用户自定义数据类型。预定义数据类型在 VHDL 程序中用得最多，它们都被囊括在 VHDL 标准程序包 STANDARD 和 STD_LOGIC_1164 中，用户可以随时调用。

1) 预定义数据类型

(1) 布尔(BOOLEAN)数据类型。布尔数据类型是一种二进制枚举数据类型，有 TRUE 和 FALSE 两种取值。布尔数据类型不用于计算，只用于判断正误。例如，a>b，当使用 IF 进行判断时，如果键入 a<b 或 a=b 则返回 FALSE；只有键入 a>b 时才返回 TRUE。

(2) 位(BIT)数据类型。位数据类型与布尔数据类型一致，均是二进制类型，取值只能为'1'或者'0'。不同的是，位数据类型可以进行逻辑运算。例如：

```
SIGNAL a1: BIT :='1';
SIGNAL a2 : BIT:='0';
```

(3) 位矢量(BIT_VECTOR)数据类型。顾名思义,位矢量数据类型是基于位数据类型的数组,与其他语言一样,使用数组必须注明数组长度。例如:

```
SIGNAL s1: BIT_VETCTOR(15 DOWNTO 0);
```

–DOWNTO 表示递减,即最左位是 s1(15),最右位是 s1(0)。

(4) 字符(CHARACTER)数据类型。字符数据类型为 ASCII 字符集,用单引号进行说明,而且区分大小写。如 'A'、'a'、'1' 等。

(5) 整数(INTEGER)数据类型。整数数据类型包括–21473647~21473647 的所有整数(-2^{31}~2^{31}),一般使用时要用 RANGE 限定范围,避免资源浪费。例如:

```
SIGNAL a : INTEGER RANGE 0 TO 7;
```

(6) 时间(TIME)数据类型。时间数据类型是 VHDL 中唯一预定的物理类型。时间数据类型必须要有单位,且单位和整数之间要有一个空格,如 4 ns。

(7) 实数(REAL)数据类型。VHDL 中的实数又称为浮点数,取值为-1.0×10^{38}~1.0×10^{38}。通常的书写方式如下:

```
33.5E-3 或者 8#33.5#E+3 (8 进制浮点数)。
```

(8) 字符串(STRING)数据类型。字符串是用双引号括起来的字符序列。如"HELLO WORLD""909090"等。

2) IEEE 预定义标准逻辑位和标准逻辑矢量

IEEE 标准单元库的程序包 STD_LOGIC_1164 中,有两个经常使用且十分重要的数据类型,即标准逻辑位 STD_LOGIC 和标准逻辑矢量 STD_LOGIC_VECTOR。

STD_LOGIC 有 9 种逻辑值,分别是 'U'(未初始化)、'X'(强未知)、'0'(强 0)、'1'(强 1)、'Z'(高阻)、'W'(弱未知)、'L'(弱 0)、'H'(弱 1)、'-'(忽略)。

STD_LOGIC_VECTOR 是定义在 STD_LOGIC_1164 中的一维数组,数组中每个元素的数据类型必须是 STD_LOGIC。

3) 用户自定义数据类型

在 VHDL 程序中,用户可以自己定义所需要的数据类型,定义时需要用类型定义语句 TYPE 或者子类型定义语句 SUBTYPE 语句。定义格式如下:

```
TYPE 数据类型名 IS 数据类型定义 [OF 基本数据类型]
SUBTYPE 子类型名 IS 基本数据类型 [范围]
```

例如:

```
TYPE ftype IS ARRAY (15 DOWNTO 0)OF INTEGER;
TYPE sex IS (male, female);
SUBTYPE new_int IS INTEGER RANGE 0 TO 31;
```

子类型的定义仅是给基本数据类型加以约束，不产生新的数据类型。

4. 操作符

与计算机语言一样，VHDL 同样需要一些如运算、赋值等的基本操作，需要一些表达式来支撑程序的逻辑关系，这就涉及操作数(OPERANDS)和操作符(OPERATOR)。VHDL 包含了 5 种类型的预定义操作符，分别是逻辑操作符(LOGIC OPERATOR)、算数操作符(ARITHMETIC OPERATOR)、移位操作符(SHIFT OPERATOR)、关系操作符(RELATIONAL OPERATOR)和符号操作符(SIGN OPERATOR)。下面将逐个介绍每种操作符。

1) 算数操作符

算数操作符，由一些基本运算关系构成，包括初等数学中的"+"（加）、"-"（减）、"*"（乘）、"/"（除）、"MOD"（取模）、"REM"（求余）、"**"（乘方）和"ABS"（绝对值），还包括用于一维数组扩展的并置操作符"&"。运算操作符使用格式与数学上的格式大体一致，下面仅列出几个例子以便于理解。

【例 5-8】

```
SIGNAL a : INTEGER RANGE 0 TO 5: =2;
SIGNAL b : INTEGER RANGE 0 TO 5: =5;
SIGNAL c : INTEGER RANGE 0 TO 5: =4;
SIGNAL d : INTEGER RANGE -5TO 5: =-3;
….
x<= a**b;
y<= b MOD a;
z<= c REM a;
l<= abs(d);
```

对于并置操作符，它的作用是将两个一维数组合二为一，如果 x<= "111" & "222"，那么 x= "111222"。

2) 逻辑操作符

VHDL 中有 7 种逻辑操作符，用于完成程序中的逻辑关系运算，它们分别是："AND"（与）、"OR"（或）、"NOT"（非）、"NAND"（与非）、"NOR"（或非）、"XOR"（异或）、"NXOR"（异或非）。需要注意的是，NOT 操作符的优先级最高，其余 6 种优先级相同。只有 AND、OR、XOR 3 种操作符的运算结构不会因运算次序的改变而改变，因此程序中如果出现操作符不同或者出现连续多个除了上述 3 种操作符以外的操作符，则必须用括号分开。另外，操作符两端的操作数位宽需要一致。

【例5-9】

```
SIGNAL a, b, c,: STD_LOGIC_VECTOR(3 DOWNTO 0);
SIGNAL x, y, z, w : STD_LOGIC_VECTOR(15 DOWNTO 0);
…
c<=NOT a or b;
x<= y NAND z NAND w;
a<= b AND c;
```

上述三句赋值语句只有第一句正确；第二句需要加上括号，如 x<=(y NAND z) NAND w；第三句两个操作数位宽不同。

3) **移位操作符**

VHDL 中有 6 种移位操作符：

(1) SRL：逻辑右移，最左空出位补"0"；

(2) SLL：逻辑左移，最右空出位补"0"；

(3) SRA：算数右移，复制移位前最右位到空位；

(4) SLA：算数左移，复制移位前最左位到空位；

(5) ROR：循环右移，将最右位移动到最左位；

(6) ROL：循环左移，将最左位移动到最右位；

移位操作符的书写格式如下：

操作数 移位操作符 n

n 表示所移位的位数。例如：

```
A= "1011010";
A ROL 1;
```

则 A 最终为 "0110101"。

4) **关系操作符**

关系操作符用于进行数值大小的比较，它的返回值只有 TRUE 和 FALSE 两种，关系操作符包括：

(1) =：等于；

(2) /=：不等于；

(3) >：大于；

(4) <：小于；

(5) >=：大于等于；

(6) <=：小于等于；

5) **符号操作符**

符号操作符包括 "+" 和 "-"，操作数必须为整数。

5.1.3 VHDL 基本语句

VHDL 如同其他语言，需要一些语句承接和表达开发人员所需要的功能。VHDL 的基本语句有两大类，分别是顺序语句(sequential statements)和并行语句(concurrent statements)。在设计过程中，这些语句从不同的方向描述了数字系统内部的硬件结构和逻辑功能。

1. 顺序语句

顺序语句在仿真时是按照开发人员的书写顺序一条一条执行。顺序语句只能出现在进程(PROCESS)、函数(FUNCTION)以及过程(PROCEDURE)中。顺序语句中最常用的有 4 种，分别是：赋值语句、条件控制语句、等待语句及空操作语句。

1) **赋值语句**

赋值语句就是将一个特定的值或者表达式赋给另一个对象，前面的例子中已经出现过许多赋值语句，读者应该不会感到陌生。需要注意的是，信号的赋值语句和变量的赋值语句不同，具体语法如下：

目标变量名：=赋值源；

目标信号名<=赋值源；

前面也提到过，信号是一个全局量，它的赋值有延迟，可以用 AFTER 定义。变量是一个局部数据，它的赋值是立刻发生的。

2) **条件控制语句**

条件控制语句通过特定的条件判定是否需要执行语句，或者需要执行语句的数目，或者是重复执行所需语句，以及判断是否跳过特定语句。条件控制语句有 5 种，分别是：IF 语句、CASE 语句、LOOP 语句、NEXT 语句及 EXIT 语句。

(1) IF 语句。

IF 语句有以下三种格式。

第一种格式：

```
    IF 条件句 THEN
顺序语句
    END IF;
```

第二种格式：

```
    IF 条件句 THEN
顺序语句
    ELSE
```

顺序语句
    END IF;
第三种格式:
    IF 条件句 THEN
顺序语句
    ELSIF 条件句 THEN
顺序语句
    ……
    ELSE
顺序语句;
    END IF;

在 FPGA 中，第一种格式通常用来描述时序电路，第二种格式通常用来描述单级多路复用器，第三种格式通常用来描述多级多路复用器。IF 语句中至少有一个条件语句用于判断，条件语句必须由 BOOLEAN 表达式构成。条件语句产生判断结果为 TRUE 或者 FALSE，根据判断结果选择接下来的语句是否执行。

【例 5-10】

```
ENTITY if_example1 IS
   PORT (a, b : IN INTEGER;
c : OUT BOOLEAN);
  END if_example1;
  ARCHITECTURE example OF if_example1 IS
  BEGIN
      IF (a<b) THEN
          c<='0';
      ELSE
          c<='1';
      END IF;
  END example;
```

在此例中，比较两个数的大小，并将比较结果用 c 表示。

【例 5-11】

```
ENTITY if_example2 IS
   PORT(a : IN STD_LOGIC_VECTOR(3 DOWNTO 0);
b : OUT STD_LOGIC_VECTOR(1 DOWNTO 0));
   END if_example2;
   ARCHITECTURE example OF if_example2 IS
```

```
BEGIN
   PROCESS(a)
   BEGIN
      IF       (a(3)='0') THEN b<= "11";
      ELSIF    (a(2)='0') THEN b<= "10";
      ELSIF    (a(1)='0') THEN b<= "01";
      ELSIF    (a(0)='0') THEN b<= "00";
      ELSE     b<= "00";
      END IF;
   END PROCESS;
END example;
```

（2）CASE 语句。

CASE 语句根据表达式的要求，从多个顺序语句中选择满足条件的一条执行。CASE 语句的格式如下：

```
CASE 表达式 IS
   WHEN 选择值=>顺序语句;
   WHEN 选择值=>顺序语句;
      ......
   WHEN OTHERS=>顺序语句;
```

当 CASE 语句执行时，首先确定表达式的值，然后在选择值中寻找符合要求的，执行顺序语句。需要注意的是，选择值不能有相同的，而且语句中必须有 WHEN OTHERS 用来保证所有情况均被覆盖。

【例 5-12】2 选 1 数据选择器。

```
LIBRARY IEEE;
USE IEEE.STD_LOGIC_1164.ALL

ENTITY mux21 IS
   PORT(a, b : IN STD_LOGIC;
        sel : IN STD_LOGIC_VECTOR(0 TO 0);
c: OUT STD_LOGIC);
   END mux21;
   ARCHITECTURE beh_mux OF if_example1 IS
   BEGIN
      PROCESS(a, b, sel)
```

```
    BEGIN
        CASE sel IS
            WHEN "0" => c<=a;
            WHEN "1" =>c<=b;
            WHEN OTHERS=>NULL;
        END CASE;
    END PROCESS;
END beh_mux;
```

(3) LOOP 语句。

LOOP 语句为循环执行语句，与其他软件语言类似，它可以使一段顺序语句循环执行，循环次数可由参数确定也可由算法控制。LOOP 语句有两种格式，分别是 FOR LOOP 语句和 WHILE LOOP 语句。FOR LOOP 语句格式如下：

[标号：]FOR 循环变量 IN 范围 LOOP
顺序语句；
END LOOP[标号]；

语句中的循环变量是一个只属于 LOOP 循环内的临时变量，不需要提前说明，它不可被赋值。IN 后面的范围有两种表示方式，一是"初值 TO 终值"，要求初值比终值小；二是"初值 DOWNTO 终值"，要求初值大于终值。值得注意的是，在 VHDL 中，循环的使用会增加资源的消耗，所以使用循环时应该谨慎。

【例 5-13】

```
LIBRARY IEEE;
USE IEEE.STD_LOGIC_1164.ALL;

ENTITY if_example1 IS
    PORT (a, b : IN STD_LOGIC_VECTOR(3 DOWNTO 0);
          c :OUT STD_LOGIC_VECTOR(3 DOWNTO 0));
    END if_example1;
    ARCHITECTURE behav OF if_example1 IS
    BEGIN
        PROCESS(a, b)
        BEGIN
            FOR n IN 3 DOWNTO 0 LOOP
                c(n)<=a(n) XOR b(n);
            END LOOP;
```

```
    END PROCESS;
  END behav;
```

WHILE LOOP 语句的格式如下：

```
[标号：]WHILE 循环条件 LOOP
顺序语句；
END LOOP[标号：]
```

与 FOR LOOP 语句有所不同的是，WHILE LOOP 语句并没有规定循环次数。控制循环进行的条件可以是任何 BOOLEAN 表达式。当表达式条件为 TRUE 时，循环继续进行；当表达式条件为 FALSE 时，循环停止。

将例 5-13 中，FOR n IN 3 DOWNTO 0 LOOP 语句修改如下：

```
n:=0;
WHILE n<4 LOOP;
```

即可将原程序变为 WHILE LOOP 循环的程序。

(4) NEXT 语句。

NEXT 语句主要功能是在 LOOP 语句执行中进行转向控制。它主要有以下 3 种格式：

```
NEXT;
NEXT LOOP 标号；
NEXT LOOP 标号 WHEN 条件表达式；
```

第一种格式表示无条件结束当前执行的循环，当 LOOP 内的顺序语句执行到 NEXT 时自动结束此次循环，回到循环开始的位置。第二种格式与第一种格式功能相仿，不同的是它跳回指定标号处的循环语句。第三种格式需要进行判断，当 WHEN 后的条件表达式值为 TRUE 时，执行此语句，否则忽略此语句向下执行。

(5) EXIT 语句。

EXIT 语句也用于 LOOP 循环中，语句格式有以下三种：

```
EXIT;
EXIT LOOP 标号；
EXIT LOOP 标号 WHEN 条件表达式；
```

EXIT 语句与 NEXT 语句功能的不同是 EXIT 语句执行后是跳向 LOOP 语句的终点。

3) **等待语句**

在进程或者过程中，WAIT 语句用来将程序暂停。当执行到 WAIT 语句时，程序将会被挂起，直到满足特定的结束挂起条件。对于 WAIT 语句，同样无实际物理电路与之对应，通常在算法设计和编写 Test Bench 时使用。WAIT 语句有以下四种格式。

第一种格式：
```
WAIT;
```
这条语句没有设置挂起的结束条件，进程将会永远暂停。

第二种格式：
```
WAIT ON [信号1,信号2,...];
```
这种语句称为敏感信号等待语句，语句中若有敏感信号发生变化，则结束挂起，进程重新开始。值得注意的是，如果使用了 WAIT ON，那么进程 PROCESS 括号内不能再写敏感信号。

第三种格式：
```
WAIT UNTIL 特定条件;
```
该语句将进程挂起，直到所需要的条件被满足。例如：
```
WAIT UNTIL clk='1'
```
第四种格式：
```
WAIT FOR 时间表达式;
```
此语句需要声明等待的时间长度，在此时间段内进程将会被挂起，直到这段时间结束。例如：
```
WAIT FOR 10ns
```

4) 空操作语句

NULL 语句为空操作语句，执行的目的是让程序顺利进行下一语句。NULL 语句常出现在 CASE 语句中，用来满足 CASE 语句中对表达式取值的全覆盖。

2. 并行语句

并行语句是 VHDL 特有的一种语句形式，它在构造体中是并发执行的，与开发人员书写顺序无关。硬件系统中有很多结构都是并发执行的，所以并行语句的目的就是将这种硬件构造体现出来。并行语句主要有 6 种，下面将一一说明。

1) 并行信号赋值语句

赋值语句在顺序语句中提到过，那么并行信号赋值语句与赋值语句有什么差别呢？在构造体的进程中使用的赋值语句为顺序执行。当赋值语句在构造体的进程之外执行时，此时的赋值语句为并发执行。并行信号赋值语句有以下 3 种。

第一种是简单信号赋值语句，语句格式如下：
```
赋值信号<=表达式;
```
例如：
```
c<=a AND b;
```
第二种是条件信号赋值语句，语句格式如下：
```
赋值目标<=表达式 WHEN 条件1 ELSE
```

```
         表达式 WHEN 条件2 ELSE
                    ...
         表达式;
```
例如:
```
         x<=a WHEN c1='1' ELSE
              b WHEN c2='1' ELSE
              c;
```
第三种是选择信号赋值语句,格式如下:
```
         WITH 表达式 SELECT
赋值信号<= 表达式 WHEN 选择值
表达式 WHEN 选择值
                    ……
表达式 WHEN 选择值;
```
例如:
```
s<= s1 & s0;
    WITH s SELECT
       a<= b0 WHEN "00",
           b1 WHEN "01",
           b2 WHEN OTHERS;
```
选择信号赋值语句不能在进程中使用,功能与 CASE 语句类似。关键字 WITH 旁边的表达式为敏感词,当此表达式变化时,语句将会进行筛选。

2) 进程语句

进程语句在之前的多处例子中均有提及。它的特点十分鲜明,进程语句是由顺序描述语句所构成的,但其自身是并行语句。进程语句是 VHDL 设计中使用频率最高的语句。PROCESS 语句的格式如下:
```
[进程标号:]PROCESS    [敏感信号参数表] [IS]
    [进程说明]
              BEGIN
顺序描述语句
              END PROCESS[进程标号];
```
带有敏感信号参数的进程中,任意敏感信号如果改变,进程都将被启动。一般,进程中的所有输入信号都需要列入敏感信号表中。一个构造体可以有多个进程,每个进程可以在任意时刻启动,而且进程都是并发运行的。需要注意的是,当进程中的顺序描述语句内有 WAIT 语句时,进程敏感信号参数表必须为空。

【例 5-14】

```
PROCESS (clk)
BEGIN
   IF (clk='1') THEN
      data<='1';
   ELSE
      data<='0';
   END IF;
END PROCESS;
```

3) 块语句

块(BLOCK)语句自身没有什么特殊的功能,它主要的作用是将一些并行语句合并在一起,使得程序更加清晰,方便阅读、调试和理解。

块语句的结构如下：

```
标号：BLOCK
[块声明：]
   BEGIN
并行语句；
   END BLOCK[标号]；
```

块声明部分包括接口说明及类属说明,与实体的声明类似。其实,每个块都像是一个独立的实体。

【例 5-15】

```
a1: BLOCK
   SIGNAL x: BIT;
BEGIN
   x<= a XOR b;
a2:BLOCK
   SIGNAL x:BIT;
BEGIN
   x<= c AND d;
END BLOCK a2;
END BLOCK a1;
```

例 5-15 表示块可以嵌套。

4) 并行过程调用语句和子程序

子程序(SUBPROGRAM)是用来使整个 VHDL 程序更有效地工作的,子程序包括过程(PROCEDURE)及函数(FUNCTION),二者的使用都是通过子程序调用语句来实现的。

过程分为过程首和过程体两个部分,如果过程定义在主代码内,则不需要过程首。创建过程的语句格式如下:

```
PROCEDURE 过程名 [参数列表] IS
声明部分;
BEGIN
顺序语句部分;
END PROCEDURE
```

过程的调用十分简单,例如:

```
PROCEDURE adder (signal a, b : IN STD_LOGIC;
sum: OUT STD_LOGIC)    IS
    BEGIN


        ……;
END adder;
```

如果想调用此过程,只需要输入 adder(x, y, z)即可。

函数和过程类似,调用时只需要输入函数名和对应的参数即可,不过函数一般有返回值,这意味着调用时需要将函数返回到一个数据单元中。

函数的格式如下:

```
FUNCTION 函数名(参数表) RETURN 数据类型 IS
[声明]
BEGIN
顺序语句;
RETURN [返回变量名];
END [函数名];
```

【例 5-16】

```
FUNCTION compare (a, b :STD_LOGIC) RETURN STD_LOGIC IS
BEGIN
  IF a<b THEN RETURN a;
  ELSE RETURN b;
  END IF;
END FUNCTION compare;
```

如果想调用此函数,需输入型如 c<=compare(a, b)的语句。

5) 元件例化语句

元件例化(COMPONENT)语句在前面例子中出现过,元件例化就像一个大房子中的各小家具,将实体中各组成部分由小元件之间的端口连接拼凑起来。VHDL的结构描述风格就是采用元件例化语句进行描述的。

元件例化语句的格式如下:

```
COMPONENT 元件名 IS
参数声明;
端口声明;
END COMPONENT
```

当需要此元件时,用如下语句进行调用:

```
元件名 PORT MAP ( 对应信号1,对应信号2,…)
```

6)生成语句

生成语句(GENERATE)主要用于有大量重复结构的电路。使用生成语句可以避免相同结构的程序多次重复书写。

生成语句有两种形式,分别是: FOR GENERATE 及 IF GENERATE

第一种 FOR GENERATE 形式如下:

```
[标号:] FOR 循环变量 IN 取值范围 GENERATE
说明
        BEGIN
并行语句
END GENERATE[标号:];
```

第二种 IF GENERATE 形式如下:

```
[标号:]IF 条件句 GENERATE;
END;
else BEGIN;
并行语句;
END GENERATE[标号:];
```

这种结构的生成语句主要作用是描述一些结构上有一定重复性和规律性的电路。它的形式与 LOOP 语句很相似,循环变量的使用范围也仅局限于对应的生成语句,取值范围和 LOOP 语句规则相同。生成语句中可以不要标号,但是为了使用方便,在循环或者嵌套使用时应把标号加上。寄存器和存储器阵列均含有大量重复结构,所以生成语句多用在设计存储器和寄存器上。

【例5-17】4个D触发器构成的一个移位寄存器。

```
LIBRARY IEEE;
USE IEEE.STD_LOGIC_1164.ALL;

ENTITY shifter IS
```

```
        PORT(a, clk :IN STD_LOGIC
b: OUT STD_LOGIC);
END;

ARCHITECTURE beh_shifter OF shifter IS
    COMPONENT single_dff IS
        PORT(d, clk : IN STD_LOGIC;
q : OUT STD_LOGIC);
        END COMPONENT;
        SIGNAL t : STD_LOGIC_VECTOR(0 TO 4);
    BEGIN
        t(0)<=a;
        FOR n IN 0 TO 3 GENERATE
            dx: single_dff PORT MAP (t(i), clk, t(i+1));
        END GENERATE;
        b<=t(4);
    END;
```

3. 小结

在这一节中，着重讲述了 VHDL 中各类语句的使用方法和注意事项。希望读者学习完此节之后能够对各种 VHDL 程序中所使用的语句有基础的了解，在实际运用中也能正确使用这些语句完成程序设计。下面将列出 2 个实例，使读者更深入理解 VHDL。

【例5-18】8 位加法器。

```
LIBRARY IEEE;
USE IEEE.STD_LOGIC_VECTOR_1164.ALL;
USE IEEE.NUMERIC_STD.ALL

ENTITY adder8 IS
    PORT(a, b : IN STD_LOGIC_VECTOR(7 DOWNTO 0);
cin: IN STD_LOGIC;
sum : OUT STD_LOGIC_VECTOR(8 DOWNTO 0));
    END adder8;

    ARCHITECTURE beh_adder8 OF adder8 IS
        BEGIN
            sum<=('0' & a)+('0' & b)+("00000000" & cin);    -- "&" 为
```

算数操作符中的并置操作符,用来使三个被加数长度一致
```
    END beh_adder8;
```
【例 5-19】模 8 可逆计数器。

在此计数器中,reset 为复位信号;load 为预置信号;up_down 为正向/反向计数控制端;信号为"1"时正向计数,信号为"0"时反向计数;信号 q 为计数输出端。

```
LIBRARY IEEE;
USE IEEE.STD_LOGIC_1164.ALL;
USE IEEE.NUMERIC_STD.ALL;

ENTITY counter8 IS
  PORT(clk, reset, load, up_down : IN STD_LOGIC;
data: IN STD_LOGIC_VECTOR(2 DOWNTO 0);
q : BUFFER STD_LOGIC_VECTOR(2 DOWNTO 0);)
    END counter8;

    ARCHITECTURE beh_counter OF counter8 IS
    BEGIN
        PROCESS(clk, reset, load)
        BEGIN
            IF(reset='1') THEN
                q<= "000";
            ELSIF (load='1') THEN
                q<= data;
            ELSIF (clk'Event AND clk='1') THEN
                IF (up_down='1') THEN
                    IF q= "111" THEN
                        q<= "000";
                    ELSE q<=q+1;
                    END IF;
                END IF
                IF (up_down='0') THEN
                    IF q= "000" THEN
                        q<= "111";
                    ELSE
```

```
                q<=q-1;
            END IF;
         END IF;
      END IF;
   END PROCESS;
END beh_counter;
```

5.2 Verilog HDL

5.2.1 Verilog HDL 程序结构

模块(module)是 Verilog HDL 的基本描述单位。模块在概念上可等同一个门元件(与门、三态门等)或通用宏单元(计数器、ALU、CPU)等,因此一个模块可在另一个模块中被调用。模块包括模块名、端口列表、端口类型、内部变量定义及功能描述等几个部分。

模块的定义从关键字 module 开始,到关键字 endmodule 结束,每条 Verilog HDL 语句以";"作为结束,注意 endmodule 后面没有";"。下面以一位全加器为例说明模块的构成。

【例 5-20】一位全加器。

```
module Fadder(x,y,sin,sum,count);
input x,y,cin;
output sum;count;
assign{count,sum}=x+y+cin;
endmodule
```

5.2.2 Verilog HDL 的语言规则

1. 标识符

Verilog HDL 中的标识符(idendtifier)可以是任意一组字母、数字、$符号和下划线符号的组合,当然不能与关键字重名,但标识符的第一个字符必须是字母或者下划线。另外,Verilog HDL 区分大小写,也就是说大小写不同的标识符是不同的。以下是标识符的几个例子:

(1) Count 与 COUNT 是不同的标识符。
(2) R5668,_R1D2,FIVE$都是合法的标识符。

2. 关键字

关键字（又称为保留字）是一种特殊的标识符，是 Verilog HDL 定义的一些语法和结构的名称。注意，所有关键字都是小写的，一些标识符虽然字母和关键字一样，但是包含大写字母，就不是一个关键字，而只是一个普通的标识符。例如，always 是关键字，但是 Always 就不是关键字。用户自定义的一个设计单元(如端口、信号和参数)的名称，必须是普通标识符，不可以使用 Verilog HDL 的关键字。

3. 注释

在 Verilog HDL 中有两种形式的注释。

第一种形式：以"/*"和"*/"成对出现，其中间一行或多行内容是注释。

第二种形式：以"//"在一行结束处，其后面的内容是注释。

4. 数据类型

Verilog HDL 中主要有两大类常用的数据类型，即线网型与寄存器型。

线网型(net type)是对 Verilog HDL 结构化元件间的物理连线的抽象。它的值取决于驱动元件的值，如连续赋值或门的输出。如果没有驱动元件连接到线网，则线网的缺省值为 Z。

常用的线网类型是 Wire 类型。在没有明确位宽时，线网类型变量的位宽为 1。在 Verilog HDL 模块中，如果没有明确定义输入、输出变量的数据类型，则默认为 1 位的 Wire 型变量。Wire 型变量的定义如下：

```
Wire[msb:lsb]变量名1, 变量名2, …, 变量名n;
```

其中 msb 和 lsb 制定了变量的位宽范围，它们之间用冒号隔开，且都为常数表达式如果没定义范围，则是默认为 1 位的变量。下面是 Wire 类型说明实例。

```
Wire L;              //定义了一个1位的Wire类型变量，变量名为L
Wire A,B ;           //定义了两个1位的Wire类型变量，变量名分别为A、B
Wire [7:0]bus ;      //定义了一个8位的Wire类型变量，变量名为bus
Wire [32:1]databusA,databusB,databusC;//定义了3个32位的Wire类型变
量，变量名分别为databusA,databusB和databusC
```

寄存器类型(register type)表示一个抽象的数据存储单元，它只能在 always 语句和 initial 语句中被赋值，具有状态保持作用。寄存器类型的变量如果没有赋值，则默认值是 X。

reg 是常用的寄存器类型。如果没有明确说明及承诺其类型变量位宽，则寄存器变量的位宽是 1 位。reg 型变量的定义格式如下：

```
reg[msb:lsb]变量名1, 变量名2, …, 变量名n;
```

其中 msb 和 lsb 指定了变量的位宽范围，它们之间用冒号隔开，且都为常数

表达式。如果没有定义范围，则其默认为 1 位的变量。下面是 reg 类型说明实例。

```
reg L;              //定义了一个 1 位的 reg 类型变量，变量名为 L
reg A,B;            //定义了两个 1 位的 reg 类型变量，变量名为 A、B
reg [7:0]bus;       //定义了一个 8 位的 reg 类型变量，变量名为 bus
```

reg 类型变量和 Wire 类型变量一样，可以在定义时加入位宽。位宽为 1 的变量称为标量，位宽大于 1 的变量称为矢量。

reg 是最常用的寄存器变量类型，而 Wire 是最常用的线网变量类型。二者在使用上有明显的区别：reg 变量只能在 always 和 initial 语句中赋值，Wire 变量只能用连续语句赋值，或者通过模块实例的输出(输入/输出)端口赋值；并且进行初始化后，reg 变量的值变为 X(未知)，而 Wire 变量的值变为 Z(高阻)；Wire 变量可以被赋予强度值，而 reg 变量不能被赋予强度值。

5. 运算符

Verilog HDL 中的运算符与 C 语言的运算符十分类似，可以对一个、两个或者三个操作数进行运算。

(1) 算术运算符："+""-""*""/""%"，进行算术运算和求模运算，操作数的个数为 2。

(2) 关系运算符："<"">""<="">="进行关系运算，操作数的个数为 2。

(3) 等式运算符："==""！=""==="" ！=="分别表示逻辑相等、逻辑不等、全等、不全等，操作数个数均为 2。

(4) 逻辑运算符："！""&&""||"分别表示逻辑非、逻辑与、逻辑或，操作数个数分别为 1、2、2。

(5) 位运算符："~""&""|""^""^~""~^"分别表示按位非、按位与、按位或、按位异或、按位异或非(同或)，操作数个数分别为 1、2、2、2、2。

(6) 移位运算符："<<"">>"分别表示向左移位、向右移位，操作数个数均为 2。

(7) 条件运算符："？:"，进行条件运算，操作数个数为 3。

(8) 位拼接运算："{}"，进行拼接(合拼)运算，操作数个数大于等于 2。

6. 电路的描述方式

1) 结构描述

结构描述是对电路的层次和组成结构进行描述，即通过对器件的调用(例化)，并用线网把各器件连接起来。这里的器件包括 Verilog HDL 的内置门，如与门(and)、异或门(xor)等，也可以是用户自定义的一个模块，还可以是 FPGA 厂商提供的一个基本逻辑单元或者宏。结构化的描述方式反映了设计的层次结构，下面通过实例说明结构描述。

【例 5-21】 一位全加器的结构描述。

```
module Fadder(a,b,cin,cout,sum);
input a,b,cin;
output cout,sum;
wire S1,T1,T2,T3;
xor X1(S1,a,b);
xor X2(sum,S1,cin);
and A1(T1,a,b);
and A2(T2,b,cin);
and A3(T3,a,cin);
or  O1(cout,T1,T2,T3);
endmodule
```

例 5-21 用结构描述的方式设计了一位全加器。对应的一位全加器结构图如图 5-2 所示。该全加器由两个异或门、三个与门和一个或门组成。S1、T1、T2、T3 是门与门之间的连线。其中，xor、and、or 是 Verilog HDL 内置的门器件。以 xor x1(S1,a,b)为例对例化语句进行说明，xor 表明调用一个内置的异或门，器件名称为 xor，代码实例名为 x1。括号内的 S1、a、b 表明该器件对应管脚实际连接线（信号）的名称，其中 a、b 是输入信号，S1 是输出信号。

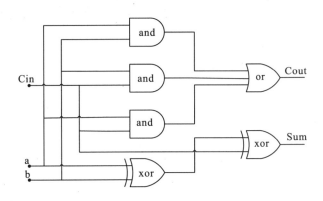

图 5-2　一位全加器结构图

2）数据流描述

数据流描述允许开发人员只描述寄存器间的数据流动方式，不关注电路结构的细节。数据流描述的基本机制是采用连续赋值语句，连续赋值语句的格式如下：

```
Wire 线网变量名;
```

assign [#delay]线网变量名=表达式;

连续赋值语句用于对线网变量进行赋值,它由关键字 assign 开始,赋值号后面是由操作数和运算符组成的逻辑表达式,当该表达式中操作数的值发生变化时,连续赋值语句就开始执行。

【例 5-22】

```
timescale 1ns/100ps
module Fadder(a,b,cin,sum,cout);
input a,b,cin;
output cout,sum;
Wire S1,T1,T2,T3;
assign #2 S1= a^b;
assign #2 sum=S1^cin;
assign #2 T1=a&b;
assign #2 T2=b&cin;
assign #2 T3=a&cin;
assign #2 cout=T1|T2|T3;
endmodule
```

例 5-22 是一位全加器的数据流描述代码,其中 T1、T2、T3 和 S1 为中间信号。注意,module 内的各 assign 语句是并行执行的。当 assign 语句右边表达式的变量发生变化时,表达式的值会重新计算,并将计算结果赋给左边的线网变量。如果赋值语句中使用了时延,那么等时延结束后再将表达式的值赋给左边的线网变量。

3)行为描述

行为描述是对设计的行为功能描述,是高层次抽象的电路描述。行为描述不关心电路使用哪些基本逻辑单元(如逻辑门、厂商的基本逻辑单元 LUT 等),也不关心这些基本逻辑单元是如何连接的。Verilog HDL 通常采用 Initial 块语句或者 always 块语句进行行为描述,并使用了大量类似 c 语言的高级语句,如 if else、case、for、while 等,可以用简洁的代码描述复杂的电路。下面介绍 Initial 块语句和 always 块语句。

Initial 块语句的格式如下:

```
Initial
 begin
  …
 end
```

Initial 包含一条语句或者由 begin…end 所包括的多条语句。Initial 块语句中被赋值的变量必须是 reg 类型。Initial 块语句只执行一次，在仿真开始时执行。如果有多个 Initial 块语句出现在模块中，这些 Initial 块语句将并行执行。

always 块语句与 Initial 块语句结构类似，其不同之处在于 always 块语句可以包含敏感事件列表，其格式如下：

```
always@(事件表示1 or 事件表示2 or …or 事件表示n)
begin
...
end
```

只要满足 always 块语句的敏感事件表示条件，always 块语句就开始执行；如果 always 块语句没有敏感事件列表，则一直反复执行。

【例 5-23】一位全加器的行为描述。

```
module Fadder(a,b,cin,sum,cout)
input a,b,cin;
output sum,cout;
reg sum,cout;
always@(a or b or cin)
 beign
   {cout,sum}=a+a+cin;
 End
Endmodule
```

【5-24】具有异步清零功能的 D 触发器

```
module D_ff(clk,clr,D,Q)
input clk,clr,D;
output Q;
reg Q;
always@(posedge clk or negedge clr)
 begin
   if(!clr)
    Q<=0;
   else
    Q<=D;
 end
endmodule
```

第 6 章 IP 在 FPGA 设计中的应用

在本书前面的学习中我们知道，电路设计往往会涉及 IP 的概念。IP 核通常分为软核、硬核和固核。软核通常以 HDL 代码形式存在，不包含底层物理信息，灵活性极高；硬核则通常以实际物理电路形式存在，需要提供版图和全套的设计文档，灵活性较低，但可以直接使用；固核则在两者之间，通常以门级网表的形式存在，完成门级综合及时序仿真。

在常见的 FPGA 芯片中，为了降低开发人员开发难度、强化 FPGA 功能、减少 FPGA 资源占用，厂商往往会集成一部分较为成熟的、使用频率较高的硬核，如 DSP、Block Memory、FIFO、时钟管理器等。硬核是经过验证、功能相对稳定、在 FPGA 中实际存在的电路。在实际使用过程中通常是可靠性较高、性能可以满足基于当前 FPGA 芯片设计的高速电路。开发人员可以通过调用这些硬核来提高性能、减少资源占用，因此这种做法在基于 FPGA 的大型系统开发中较为常见。同时，为了降低开发难度，提高产品灵活性和易用度，FPGA 厂商往往也会提供一部分软核给用户使用。这部分 IP 往往是集成在厂商的开发套件中的，如 ISE、Quartus II 等。

6.1 使用 DCM 产生时钟信号

在数字设计中，时钟信号往往是系统的最关键信号，几乎所有部件均是在时钟信号驱动下按照一定的顺序进行信号的处理。时钟信号可以由外部振荡器(如晶体振荡器、RC 振荡器、多谐振荡器)产生，但这些振荡器能够产生的时钟信号往往频率比较低，难以满足高速设计的需求。此外，不同的电路之间还可能要求彼此的时钟存在一个恒定的相位差(如反相)。此时，往往需要对时钟信号进行倍频和移相。对时钟信号的分频可以通过计数器很简单地实现。但对时钟信号的倍频和移相，则需要由专门的电路实现。这种电路一般是 PLL。

PLL 是一种反馈控制电路，其功能是比较基准信号与反馈的输出信号的相位差，通过闭环控制，控制其反馈的输出信号与基准信号存在一个恒定的相位差。若这两个信号的相位差恒定，它们的频率一定是相同的。此时，一个 PLL 已经完成锁定。PLL 的一般结构如图 6-1 所示。

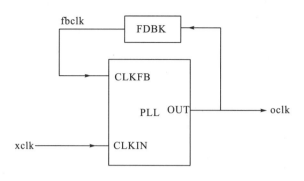

图 6-1　PLL 的一般结构

图 6-1 中 FDBK 为反馈回路。在这里不妨设 PLL 使得输出 OUT 与输入 CLKIN 时钟相位差为 0（即相等），如果反馈回路的配置使得 oclk 与 fbclk 恰好相同，则此时 oclk 与 xclk 是同频同相的。

如果 FDBK 为一个分频器，假设其是 2 分频，则 fbclk 的频率是 oclk 的 1/2。此时，对于 PLL，它认为反馈的时钟频率低了，于是就提高输出时钟频率，直到它检测到的 fbclk 与 xclk 不存在相位差。此时，oclk 的频率已经是 xclk 的 2 倍，如此便完成了倍频。

PLL 就是通过对反馈回路的不同配置来改变输出信号与输入信号的频率和相位关系的。

在 FPGA 中，PLL 的功能被集成在数字时钟管理器（digital clock manager，DCM）IP 硬核中。DCM 可以完成对时钟的倍频、分频及移相操作。本节将讲解如何调用 DCM 硬核进行时钟分频和倍频。

打开 ISE14.7，建立一个新工程。在"Hierarchy"空白区域右击，出现下拉菜单后选中"New Source"，如图 6-2 所示。

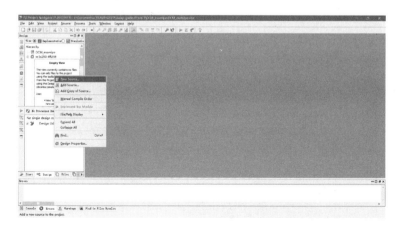

图 6-2　新建源文件

在弹出的对话框左侧列表中选择"IP(CORE Generator & Architecture Wizard)",在右侧输入模块的名称,此处命名为 pll,实际使用时可自行指定,如图 6-3 所示。

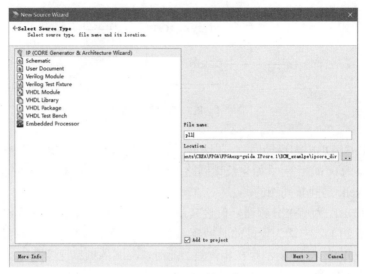

图 6-3 新建 IP 核文件

等待软件完成 IP 核的加载,在列表中找到"FPGA Features and Design→Clocking→Spartan-3→Single DCM",选中后单击"Next",继续单击"Finish",如图 6-4 所示。

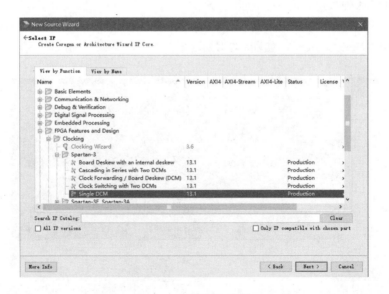

图 6-4 选择 DCM 硬核

随后会弹出一个对话框,这是关于 DHL、综合工具和芯片型号的选择的,这里不要修改,使用默认值即可,直接单击"OK",如图 6-5 所示。

图 6-5 器件选型

然后便会弹出 DCM 的配置对话框,如图 6-6 所示。

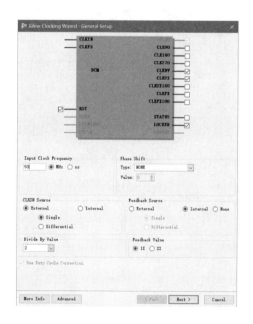

图 6-6 DCM 配置界面

在图 6-6 所示的界面可以调整 DCM 的各项参数,可以通过勾选对应端口旁边的勾选框来启用此端口。有些端口是默认必须启用的,其旁边没有勾选框。硬件环境输入时钟频率为 50MHz,将其填写在"Input Clock Frequency"中。"Phase

Shift"一栏可以保持默认值 NONE,即不相移。"CLKIN Source"为输入时钟的来源选择,选择"External",即使用外部时钟,如果选择"Internal",则是使用 FPGA 片内由专用的时钟网络产生的时钟。这里选择"External",模式为"Single",即单时钟。"Differential"为差分时钟输入。

如果勾选了输出端口 CLKDV 旁边的勾选框,"Divide By Value"中可以设置分频系数,这里以选择 2 分频为例。"Feedback Value"为反馈系数,这里默认"1X"即可。

LOCKED 输出为 PLL 的锁定指示,高电平表示 PLL 已经成功锁定,进入稳定工作状态。如果 LOCKED 为低电平,说明 PLL 还没有完成锁定,其输出的时钟信号是不可靠的。RST 为复位信号,高电平有效。

注意,这里显示的端口名不是实际调用 IP 核时使用的端口名。

在都选择好后单击"Next",进入输出驱动配置界面。由于 DCM 用于产生时钟信号,而时钟信号往往要驱动许多端口,为了保证其驱动能力,FPGA 内部由专门的时钟网络及缓冲器对时钟信号进行驱动。这里默认是"Global Buffer",即全局缓冲器。此处使用默认设计即可,如图 6-7 所示,单击"Next"即可。

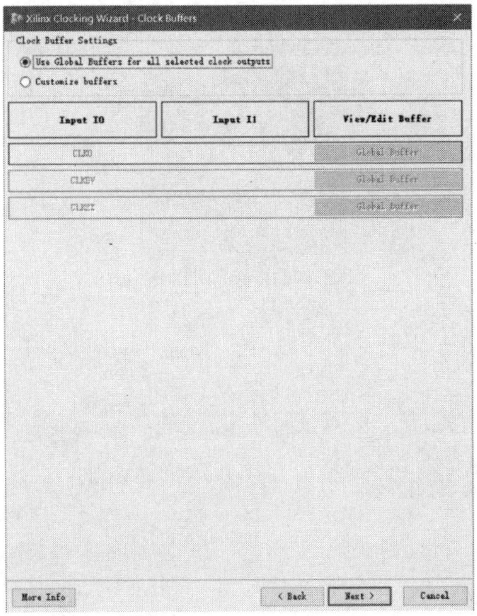

图 6-7 输出驱动配置

进入最终确认界面,这里单击"Finish",如图 6-8 所示。

第 6 章　IP 在 FPGA 设计中的应用

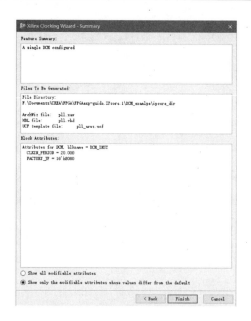

图 6-8　最终确认

最后等待 ISE 生成代码，完成后可以在 "Hierarchy" 中看到生成的 IP 核文件 "pll.xaw"。如图 6-9 所示，单击左下方的 "View HDL Instantiation Template"，ISE 为生成的调用模板代码如图 6-10 所示。

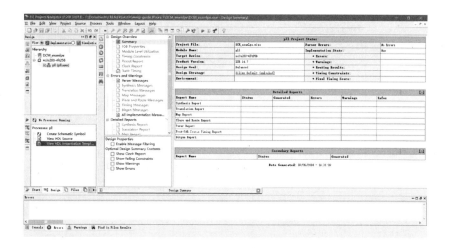

图 6-9　IP 核文件创建完成

```
1
2   -- VHDL Instantiation Created from source file pll.vhd -- 16:33:54 09/05/2018
3   --
4   -- Notes:
5   -- 1) This instantiation template has been automatically generated using types
6   -- std_logic and std_logic_vector for the ports of the instantiated module
7   -- 2) To use this template to instantiate this entity, cut-and-paste and then edit
8
9       COMPONENT pll
10      PORT(
11          CLKIN_IN : IN std_logic;
12          RST_IN : IN std_logic;
13          CLKDV_OUT : OUT std_logic;
14          CLKIN_IBUFG_OUT : OUT std_logic;
15          CLK0_OUT : OUT std_logic;
16          CLK2X_OUT : OUT std_logic;
17          LOCKED_OUT : OUT std_logic
18          );
19      END COMPONENT;
20
21      Inst_pll: pll PORT MAP(
22          CLKIN_IN => ,
23          RST_IN => ,
24          CLKDV_OUT => ,
25          CLKIN_IBUFG_OUT => ,
26          CLK0_OUT => ,
27          CLK2X_OUT => ,
28          LOCKED_OUT =>
29      );
30
31
32
```

图 6-10 调用模板代码

此处调用模板代码是不可编辑的。需要将其复制到一个顶层文件中进行修改。这里可以看到，此实体的端口名和在 DCM 配置界面看到的有很大不同。实际调用时以实体声明中的端口名为准。此外，还多出了几个在 DCM 配置界面不存在的端口名。这里对生成的元件 Pll 结构做一个简单说明，如图 6-11 所示。

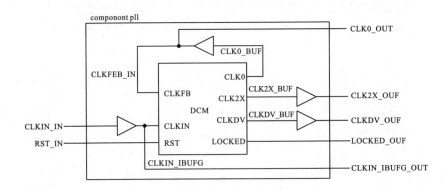

图 6-11 生成的元件 pll 结构图

可以看到，在生成的元件 pll 中，除了 DCM 以外还有 4 个缓冲器。它们分别对输入信号和输出信号进行驱动，按照元件 pll 的端口定义进行调用。其中，"CLKIN_IBUFG_OUT" 和 "CLK0_OUT" 两个信号可以不用，在 port map 时可以将它们连接至 open，表明开路，不驱动任何信号。

至此，DCM 模块已经生成完毕，现在编写一个 Test Bench 文件对其进行调用，以便进行仿真验证。新建 VHDL 源代码，在这里命名为 pll_tb。Test Bench 的代码如例 6-1：

【例 6-1】外部电路代码。

```vhdl
library IEEE;
use IEEE.STD_LOGIC_1164.ALL;
use IEEE.STD_LOGIC_UNSIGNED.ALL;

entity pll_tb is
end pll_tb;

architecture Behavioral of pll_tb is

  COMPONENT pll
  PORT(
    CLKIN_IN : IN std_logic;
    RST_IN : IN std_logic;
    CLKDV_OUT : OUT std_logic;
    CLKIN_IBUFG_OUT : OUT std_logic;
    CLK0_OUT : OUT std_logic;
    CLK2X_OUT : OUT std_logic;
    LOCKED_OUT : OUT std_logic
  );
  END COMPONENT;

  signal reset,xclk,fclk,pclk,locked : std_logic;
  --xclk:crystal oscillator 50MHz, fclk:100MHz, pclk:25MHz
  --reset:reset signal(active high) , locked: PLL locked indication(active high)

begin
  process --xclk generate
  begin
    xclk<='0';
    wait for 10ns;
```

```
    xclk<='1';
    wait for 10ns;
   end process;

   process --reset generate
   begin
    reset<='1';
    wait for 200ns;
    reset<='0';
    wait;
   end process;

   u1: pll
   PORT MAP(
    CLKIN_IN => xclk,
    RST_IN => reset,
    CLKDV_OUT => pclk,
    CLKIN_IBUFG_OUT => open,
    CLK0_OUT => open,
    CLK2X_OUT => fclk,
    LOCKED_OUT => locked
   );

  end Behavioral;
```

注意，这里的代码仅为行为级代码，可以仿真，但不可以进行逻辑综合。输入代码后保存，随后，在"Hierarchy"上方切换查看界面为仿真界面，如图 6-12 所示，在图中所示"View"部分，鼠标选中"Simulation"即可。然后在"Hierarchy"中单击"pll_tb"文件，在下方"Processes"面板中依次运行"Behavioral Check Syntax"（检查行为级语法）和"Simulate Behavioral Model"（仿真行为级模型）。

稍等片刻，ISE 自带的仿真器就会弹出，可以看到仿真结果。xclk 为 50MHz 基准时钟。在复位撤销 290.1ns 后"pll"完成锁定，此时所有时钟信号正确输出。"fclk"为"xclk"的 2 倍频，即 100MHz；"pclk"为"xclk"的 2 分频，即 25MHz。各时钟信号上升沿对齐，说明相位差为 0，如图 6-13 所示，仿真结果正确。

第 6 章　IP 在 FPGA 设计中的应用

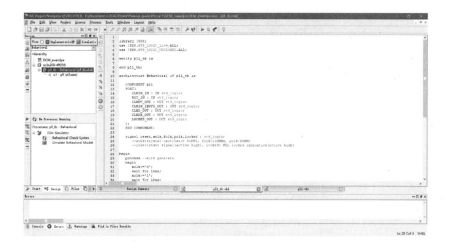

图 6-12　准备仿真

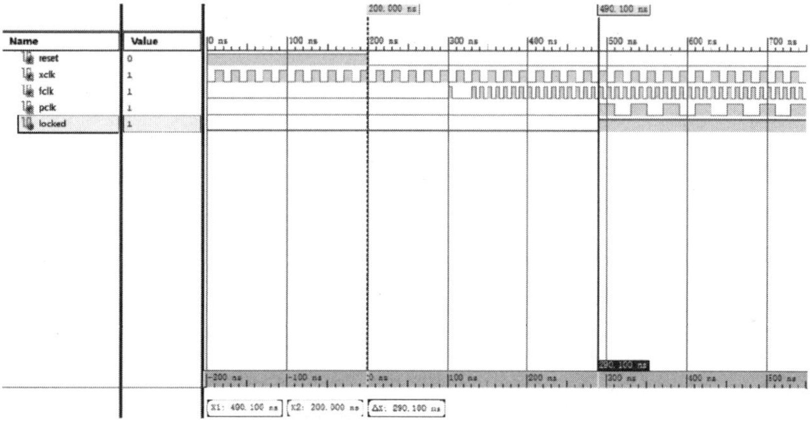

图 6-13　仿真结果

6.2　生成异步 FIFO

在新建工程之后，在工程的"Hierarchy"面板空白区域右击，弹出如图 6-14 所示的对话框，选择"New Source"。

在弹出"New Source Wizard"界面后，选中"IP (CORE Generator & Architecture Wizard)"，在"File name"中输入生成 IP 的文件名，如图 6-15 所示。

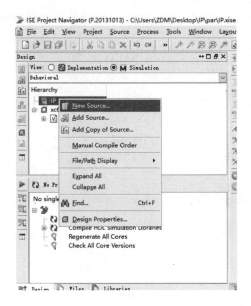

图 6-14 选择对话框

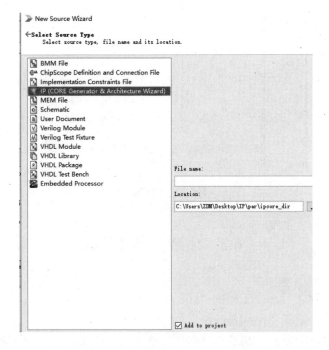

图 6-15 New Source Wizard 界面

在弹出图 6-16 的界面之后，选择"Memories & Storage Elements"→"FIFOs"→"FIFO Generator"，单击"Next"，如图 6-16 所示。

第 6 章　IP 在 FPGA 设计中的应用　　　　　　　　　　　　　　　　　　　　　　　　　· 143 ·

图 6-16　选择 FIFO Generator 界面

在"FIFO Generator"的配置界面，选择"Native"，如图 6-17 所示。

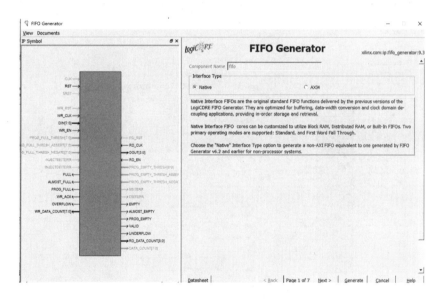

图 6-17　FIFO Generator 属性选择

本实验生成的是异步 FIFO，因此选择读时钟和写时钟分开，FIFO 由"Block RAM"或者"Distributed RAM"构成，深度较大的 FIFO 选择"Block RAM"，否则选择"Distributed RAM"，本实验选择"Block RAM"，如图 6-18 所示。

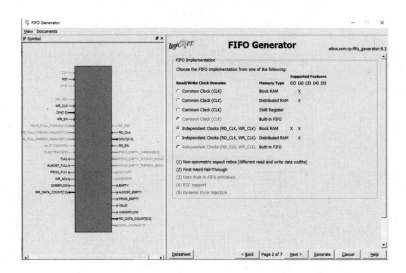

图 6-18　FIFO 类别选择

FIFO 读模式选择标准 FIFO，写数据位宽设置为 8，写深度设置为 256，读数据位宽设置为 4，读深度会自动算出大小，如图 6-19 所示（实际写深度为 255，读深度为 510）。

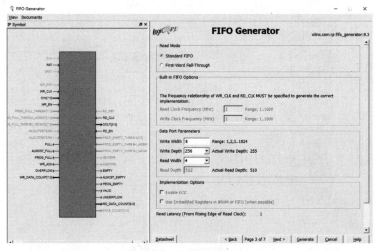

图 6-19　FIFO 参数选择

"Almost Full Flag"和"Almost Empty Flag"分别为将满信号和将空信号，如图 6-20 所示。"Almost Full Flag"变为高电平之后还能写一个数据，"Almost Empty Flag"变为高电平之后还能读一个数据。"Write Acknowledge Flag"和"Valid Flag"分别为写操作和读操作的反应信号。完成一个数据的写操作，在下一个周期"Write Acknowledge Flag"拉高；完成一次读操作，在下一个周期"Valid Flag"拉高。由于 FIFO 的读数据比读使能信号晚一个时钟周期，而写数据与写使能信号对齐，所以"Valid Flag"与读数据对齐，"Write Acknowledge Flag"比写数据晚一个时钟周期。

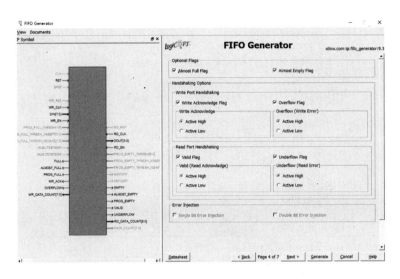

图 6-20　读写操作控制满空信号、标志信号选择

"Programmable Full Type"和"Programmable Empty Type"选择如图 6-21 所示，其大小设置分别为 250 和 10。当写到 250 个数据时，"PROG_FULL"拉高；当 FIFO 中还有 10 个数据未读时，"PROG_EMPTY"拉高。

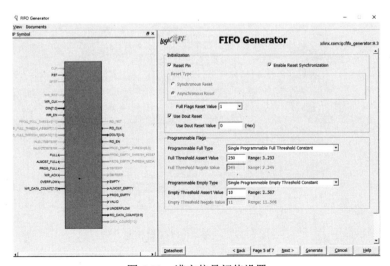

图 6-21　满空信号阈值设置

当 FIFO 中写入一个数据时,"WR_DATA_COUNT"计数器加 1;当从 FIFO 中读出一个数据时,"RD_DATA_COUNT"计数器减 1。读写计数器位宽设置如图 6-22 所示。

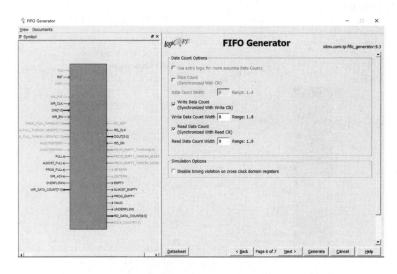

图 6-22　读写计数器位宽设置

如图 6-23 所示,可以看到生成 FIFO 的所有信号信息。在确认 FIFO 信息正确之后,单击"Generate",生成 FIFO。

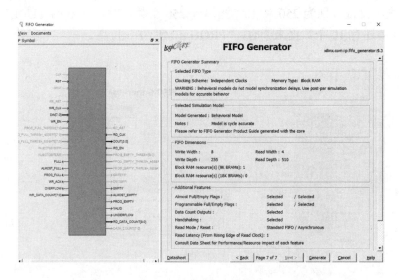

图 6-23　完整 FIFO 设置信息

当工程的"Hierarchy"面板中出现".xco"文件时，选中生成的 FIFO 文件，在"Processes"面板中双击"View HDL Functional Model"，右边将会显示 FIFO 的代码，将其例化到工程的顶层文件中。将例化后的顶层文件代码添加到工程中，如图 6-24 所示。

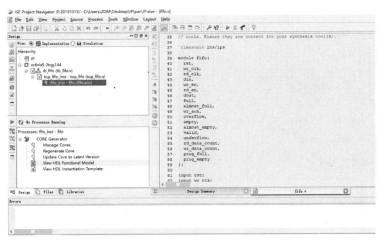

图 6-24　工程添加.xco 文件

在语法检查正确之后，进行 ModelSim 联合仿真，FIFO 仿真波形如图 6-25 所示。

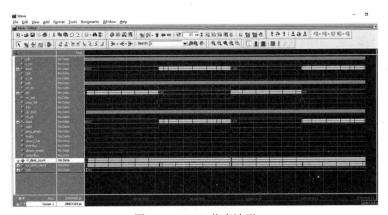

图 6-25　FIFO 仿真波形

【例 6-2】顶层文件代码。

```
module top_fifo(
    sclk,
    s_rst,
```

```verilog
        dout);
  input sclk     ;
  input s_rst    ;
  output [3:0]dout ;
reg [7:0]din    ;
Wire wr_en      ;
Wire rd_en      ;
Wire [3:0]dout  ;
Wire full       ;
Wire almost_full ;
Wire wr_ack    ;
Wire overflow  ;
Wire empty     ;
Wire almost_empty ;
Wire valid     ;
Wire underflow ;
Wire [8:0]rd_data_count;
Wire [7:0]wr_data_count;
Wire prog_full  ;
Wire prog_empty ;
reg [2:0]cnt    ;
reg clk_50M     ;

//分频时钟
always@(posedge sclk or posedge s_rst)
  begin
    if(s_rst)
      clk_50M<=1'b0;
    else
      clk_50M<=~clk_50M;
  end
assign wr_en = (full==1'b0&&cnt==3'd5&&rd_en==1'b0)?1'b1:1'b0;
assign rd_en = (empty==1'b0&&wr_en==1'b0)?1'b1:1'b0;
//cnt复位后不能马上写
always@(posedge sclk or posedge s_rst)
```

```verilog
begin
 if(s_rst)
  cnt<=3'd0;
 else if(cnt==3'd5)
  cnt<=3'd5;
 else
  cnt<=cnt+1'b1;
end
//din
always@(posedge clk_50M or posedge s_rst)
 begin
  if(s_rst)
   din<=8'd0;
  else if(wr_en)
   din<=din+1'b1;
end
fifo   fifo_inst(
    .rst       (s_rst    ),
    .wr_clk    (clk_50M  ),
    .rd_clk    (sclk     ),
    .din       (din      ),
    .wr_en     (wr_en    ),
    .rd_en     (rd_en    ),
    .dout      (dout     ),
    .full      (full     ),
    .almost_full  (almost_full  ),
    .wr_ack    (wr_ack   ),
    .overflow   (overflow ),
    .empty     (empty    ),
    .almost_empty  (almost_empty ),
    .valid     (valid    ),
    .underflow  (underflow ),
    .rd_data_count  (rd_data_count ),
    .wr_data_count  (wr_data_count ),
    .prog_full    (prog_full    ),
```

```
    .prog_empty    (prog_empty   )
);
Endmodule
```

6.3 使用 BMG 生成只读存储器

存储器是一种十分重要的逻辑器件。在进行 FPGA 开发时,虽然可以用 VHDL 自己定义存储器,但这样做十分麻烦,还会浪费 FPGA 的宝贵资源。FPGA 内部一般有集成的 RAM,可以通过 IP 核调用配置成 RAM、ROM 甚至移位寄存器阵列。在配置成 ROM 时需要初始化文件,而在配置成 RAM 时不需要初始化文件。

ROM 一般用于存储程序和固定数据(如查找表)。例如,利用 FPGA 实现一个温度传感器,ADC 采集的数据和温度之间具有确定的对应关系,如果每次都实时计算温度值,会浪费很多时间和资源,这时就将 ADC 采集的数据和温度之间的对应关系事先计算好,存储在 ROM 中,需要时直接从 ROM 读取。

ROM 的读取相比 RAM 要简单一点,其在使能有效、复位无效时完全根据输入地址输出对应的数据。其行为接近一个组合逻辑电路。在 ISE 中,ROM 通过块存储生成器(block memory generator,BMG)生成。

本节将讲解如何调用 ROM 硬核进行查找表的存储和实现,在这个 ROM 中依次存储 0~15 的平方值。

打开 ISE14.7,建立一个新工程。"Hierarchy"空白区域右击,出现下拉菜单后选中"New Source",如图 6-26 所示。

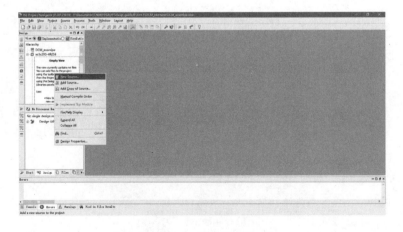

图 6-26 新建源文件

在弹出的对话框左侧列表中选择"IP（CORE Generator & Architecture Wizard）"，在右侧输入模块的名称，此处命名为"rom"，实际使用时可自行指定，如图 6-27 所示。

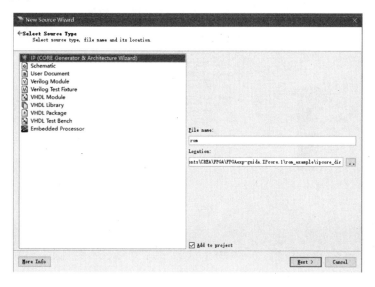

图 6-27　新建 IP 核文件

等待软件完成 IP 核的加载，在列表中找到"Memories & Storage Elements"→"RAMs & ROMs"→"Block Memory Generator"，选中后单击"Next"，继续单击"Finish"，如图 6-28 所示。

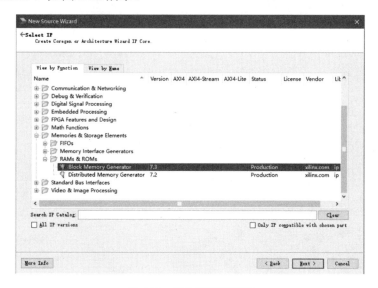

图 6-28　选择存储器类型

然后便会弹出 BMG 的配置界面，这里单击"Next"，如图 6-29 所示。

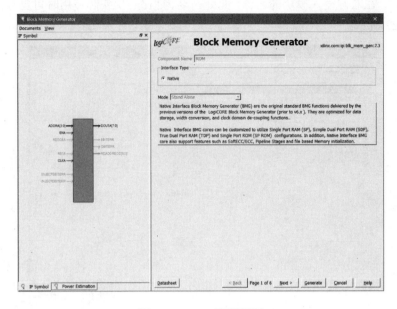

图 6-29　BMG 配置界面

进入图 6-30 所示的存储器类型选择界面，选择"Single Port ROM"，即单端口 ROM。其余选项保持默认，单击"Next"。

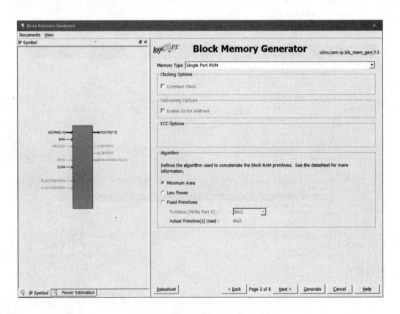

图 6-30　存储器类型选择界面

进入存储器参数设置界面,可以对存储器的大小和使能方式进行设置。这里预计存储 0~15 的平方值到存储器中,则存储器位宽应为 8 位,即 Read Width 为 8;存储器共有 16 个 8bit 存储单元,即 Read Depth 为 16。可以在左侧符号上看出地址线 ADDRA 为 4 位,数据线 DOUTA 为 8 位。

这里选择使用一个使能管脚来控制此 ROM。设置完成后单击"Next",如图 6-31 所示。

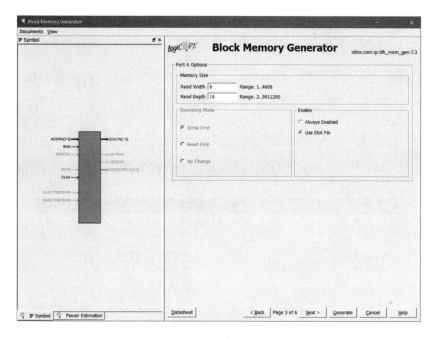

图 6-31　存储器参数设置界面

进入输出选项及初始化选项设置界面,如图 6-32 所示,在这里可以选择给输出增加寄存器。这里默认直接输出,故所有的输出寄存器选项都没有选中。在初始化选项中要选择给此 ROM 初始化的.coe 文件。这里选择已经编写好的"square_value.coe"作为 ROM 初始化文件。.coe 文件的编写方法在本节最后有附。

单击"Browse",在弹出的对话框中找到事先编写好的初始化文件,如图 6-33 所示,选中之后单击"打开"。如果初始化文件没有问题,则以黑色字体显示,如图 6-32 所示。如果初始化文件有问题,则会以红色字体标出。设置完成之后单击"Next"。

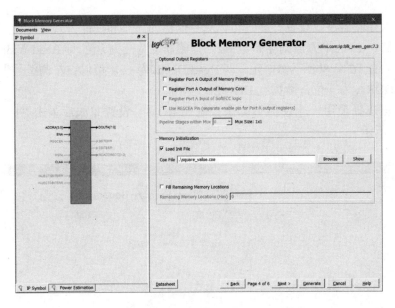

图 6-32 输出选项及初始化选项设置界面

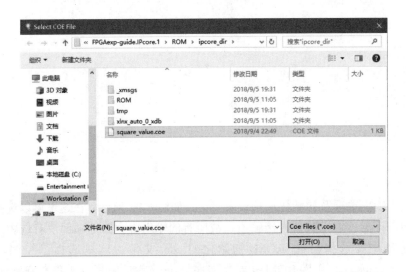

图 6-33 选择初始化文件

  此处的界面仅有一个选项，即复位选项，可以选择是否需要附加复位及输出端口的复位值是多少。由于实现的是 ROM 单元，其内容在初始化后就已经确定且不能更改，为了简便，这里不加复位。直接单击"Next"，如图 6-34 所示。
  最后来到最终界面。这里不需要做出更改，直接单击"Generate"即可生成硬核 HDL 代码。注意，这里说明了数据读取延迟为 1 个时钟周期，如图 6-35 所示。

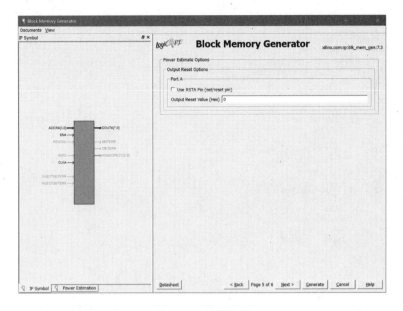

图 6-34 复位选项

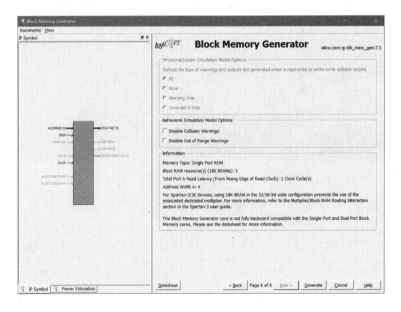

图 6-35 最终界面

等 ISE 生成完毕后可以在"Hierarchy"中看到生成的 ROM.XCO 文件。选中它,在下方"Processes"列表中双击"View HDL Instantiation Template"查看其调用模板,如图 6-36 所示。

```
45  -- The following code must appear in the VHDL architecture header:
46
47  ------------ Begin Cut here for COMPONENT Declaration ------ COMP_TAG
48  COMPONENT ROM
49    PORT (
50      clka : IN STD_LOGIC;
51      ena : IN STD_LOGIC;
52      addra : IN STD_LOGIC_VECTOR(3 DOWNTO 0);
53      douta : OUT STD_LOGIC_VECTOR(7 DOWNTO 0)
54    );
55  END COMPONENT;
56  -- COMP_TAG_END ------ End COMPONENT Declaration ------------
57
58  -- The following code must appear in the VHDL architecture
59  -- body. Substitute your own instance name and net names.
60
61  ------------ Begin Cut here for INSTANTIATION Template ----- INST_TAG
62  your_instance_name : ROM
63    PORT MAP (
64      clka => clka,
65      ena => ena,
66      addra => addra,
67      douta => douta
68    );
```

图 6-36 调用模板

至此，ROM 已经生成完毕，现在编写一个 Test Bench 文件对其进行调用，以便进行仿真验证。新建 VHDL 源代码，命名为 top。Test Bench 的代码如例 6-3。

【例 6-3】外部电路代码。

```
library IEEE;
use IEEE.STD_LOGIC_1164.ALL;
use IEEE.STD_LOGIC_UNSIGNED.ALL;

entity top is
end top;

architecture Behavioral of top is

component ROM
port(
 ADDRA : in std_logic_vector(3 downto 0);
 ENA,CLKA : in std_logic;
 DOUTA : out std_logic_vector(7 downto 0));
end component;


signal addr : std_logic_vector(3 downto 0);
signal data : std_logic_vector(7 downto 0);
```

```vhdl
    signal en,clk,rclk : std_logic;

    CONSTANT clk_period : time:=1000 ns;
    CONSTANT rclk_period : time:=10 ns;
    CONSTANT ini_time : time:=clk_period*5;

begin

  u1:ROM
  port map(
    ADDRA=>addr,
    ENA=>en,
    CLKA=>rclk,
    DOUTA=>data);

  process --clk generate
  begin
   clk<='0';
   wait for clk_period/2;
   clk<='1';
   wait for clk_period/2;
  end process;

  process --romclk generate
  begin
   rclk<='1';
   wait for rclk_period/2;
   rclk<='0';
   wait for rclk_period/2;
  end process;

  process --enable generate
  begin
   en<='0';
   wait for ini_time;
```

```
    en<='1';
    wait;
  end process;

  process(clk,addr,en) --address counting
  begin
    if rising_edge(clk) then
      if en='0' then
        addr<="0000";
      else
        addr<=addr+'1';
      end if;
    end if;
  end process;

end Behavioral;
```

注意，这里的代码仅为行为级代码，可以仿真，但不可进行逻辑综合。设置 ROM 的时钟为 100MHz，外部读取每 1000ns 进行一次。

输入代码后保存，随后，在 Hierarchy 上方，切换查看界面为仿真。如图 6-37 所示，在框中所示 View 部分，鼠标单击 "Simulation" 即可。之后在 Hierarchy 中单击 top 文件，在下方 Processes 面板中依次运行 "Behavioral Check Syntax"（检查行为级语法）和 "Simulate Behavioral Model"（仿真行为级模型），如图 6-37 所示。

图 6-37　准备仿真

稍等片刻，ISE 自带的仿真器就会弹出，可以看到仿真结果。在信号列表中按住 Ctrl 键，依次点选"addr"和"data"两个信号，再右击选中的两个信号中的任意一个，弹出下拉菜单，按照提示更改其显示基数为无符号数十进制，以方便查看结果，如图 6-38 所示。

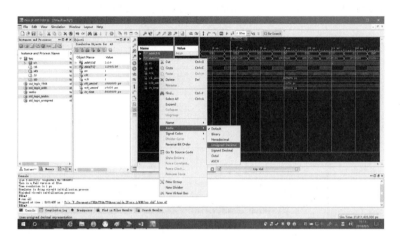

图 6-38 设置基数

可以看到，随着地址的变化，输出数据按照预定的平方值变化，数值完全正确，如图 6-39 所示。

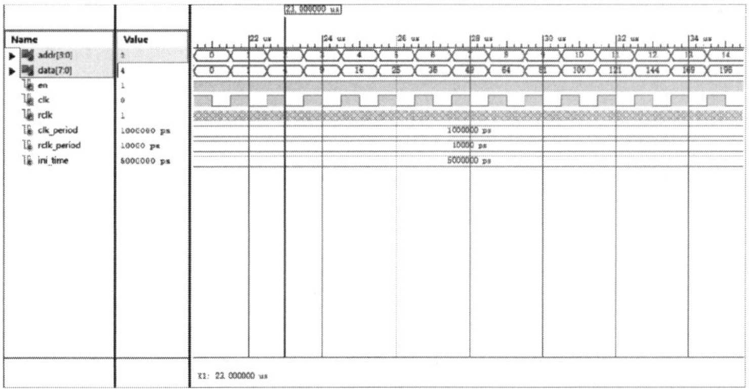

图 6-39 仿真结果

单击上方工具栏的 Zoom In 或者按住 Ctrl 键滚动鼠标滚轮放大波形，可以看到此 ROM 的读取延迟为 1 个时钟周期，如图 6-40 所示。

关于 ROM 初始化.coe 文件的编写，可以使用 Windows 自带的记事本完成。

其编写.coe 文件的格式，如图 6-41 所示。

第一行固定为“memory_initialization_radix=xx；”xx 为数据的基数，2 即二进制，10 即十进制，16 即十六进制。其用于声明初始化文件采用的进制基数，不会影响实际的电路实现，在编译和综合时会转化为二进制存储在 ROM 中。第二行固定为“memory_initialization_vector=”，说明接下来是 ROM 的初始化向量。

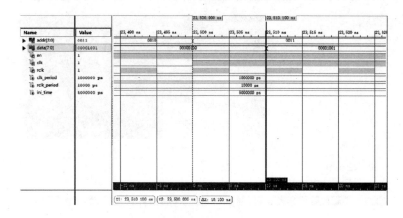

图 6-40　读取延迟

square_value.txt - 记事本
文件(F) 编辑(E) 格式(O) 查看(V) 帮助(H)
memory_initialization_radix=10;
memory_initialization_vector=
0,
1,
4,
9,
16,
25,
36,
49,
64,
81,
100,
121,
144,
169,
196,
225;

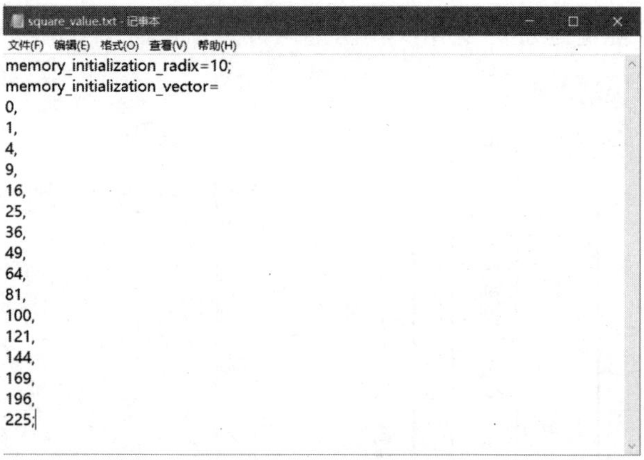

图 6-41　. coe 文件格式

从第三行开始，每行是 ROM 的一个数据，对应地址从 0 开始递增。每行以逗号结尾，最后一行使用分号结束。注意，数据的大小不能超过 ROM 的位宽，总个数不能超过 ROM 的寻址范围，所有数字和标点均是英文半角字符。

这样的初始化文件可以很轻松地使用 office 中的 excel 和 word 完成，再复制到记事本文件中，不需要手工一个一个写数据。记事本文件编写完成后保存，通过重命名将其扩展名改为.coe 即可正常使用。

6.4 使用 DSP 硬核产生正弦信号

本节将介绍 DSP 硬核的使用。DSP 全称为数字信号处理器，是专门用来处理数字信号的电路模块。DSP 可以实现复杂的数学运算、数字滤波、积分变换、信号调制、信号解调等多种针对数字信号的功能。本节将使用 DSP 和部分外部电路产生 1Hz 标准正弦信号。

打开 ISE 工具建立新的工程，在"Hierarchy"空白区域右击，出现下拉菜单后选中"New Source"，如图 6-42 所示。

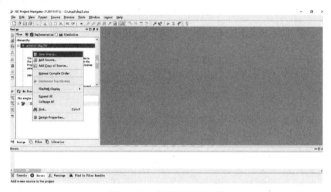

图 6-42 创建新源文件

选中图 6-43 中的"IP（CORE Generator & Architecture Wizard）"，将文件名命名为 sin_generation。

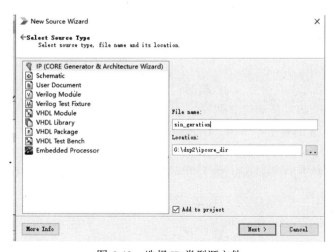

图 6-43 选择 IP 类型源文件

出现图 6-44 所示窗口之后，选择"Digital Signal Processing"模块中的"CORDIC"。

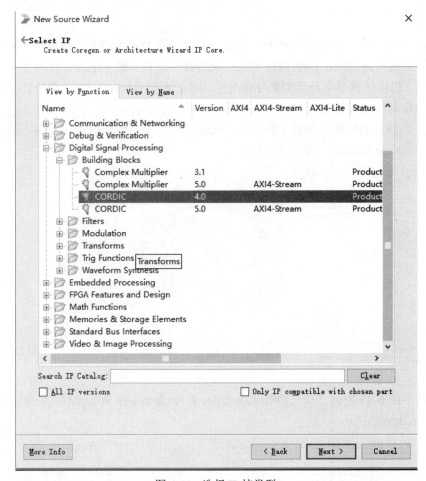

图 6-44 选择 IP 核类型

稍等片刻后，工具会完成 IP 核的调用并弹出图 6-45 所示的界面。用户需要在此界面进行 IP 核功能和管脚配置。

在完成 IP 核配置后，单击"Generate"，ISE 开始自动生成 IP 核相关数据及调用硬核所需代码。待工具完成后开始添加外部电路代码。生成的 IP 核代码路径在工程文件夹下的"ipcore_dir"中。在工程中添加已经写好的代码文件。该代码如例 6-4 所示。

第 6 章　IP 在 FPGA 设计中的应用

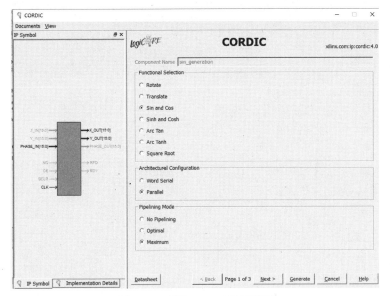

图 6-45　配置 DSP 功能及管脚

【例 6-4】 外部电路代码。

```
library IEEE;
use IEEE.STD_LOGIC_1164.all;
use IEEE.STD_LOGIC_UNSIGNED.all;

entity sin_controller is
    port(
       clk : in STD_LOGIC;
     rst_n : in STD_LOGIC;
     sin_out : out STD_LOGIC
    );
end sin_controller;

architecture beh of sin_controller is
signal cnt : STD_LOGIC_VECTOR (14 DOWNTO 0);
signal phase : STD_LOGIC_VECTOR (15 DOWNTO 0);
component sin_generation
 port (
    phase_in : in STD_LOGIC_VECTOR(15 downto 0);
    clk : in STD_LOGIC;
    y_out : out STD_LOGIC;
```

```vhdl
    );
begin
    process ( clk, rst_n )
    begin
     if ( rst_n='0' ) then
      cnt<="000000000000000";
      elsif ( clk'event and clk='1' ) then
       if ( cnt<"110000110100111" ) then
        cnt<=cnt+'1';
       else
          cnt<="000000000000000";
       end if;
     end if;
    end process;


    process ( clk, rst_n )
    begin
        if ( rst_n='0' ) then
         phase<="0000000000000000";
         elsif ( clk'event and clk='1') then
          if ( phase="0010000000000000" ) then
           phase<="1110000000000000";
           elsif ( cnt="110000110100111" ) then
            phase<=phase+16;
           end if;
         end if;
    end process;

    u1 : sin_generation
        port map ( phase, clk, sin_out );
end beh;
```

完成之后,可以进行仿真以观测波形是否正确。在 View 中选择"Simulation","Hierarchy"中选中顶层文件,"Processes"中双击"Simulate Behavioral Model",开始仿真的结果如图 6-46 所示。

第 6 章　IP 在 FPGA 设计中的应用

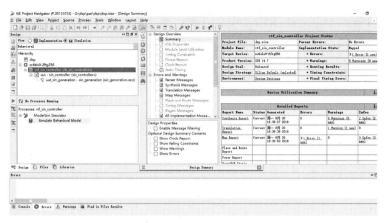

图 6-46　电路仿真

仿真 3ms（实际仿真所需时间可能在 5～10min），如图 6-47 所示。

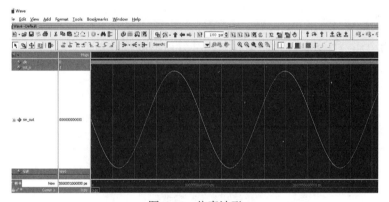

图 6-47　仿真波形

6.5　Xilinx MicroBlaze 软核的使用

本节实验将通过一个简单的 C 语言编程介绍 Xilinx 平台的 MicroBlaze IP 核的调用，以及基于 MicroBlaze 平台的编程、烧录流程。

在使用 FPGA 做嵌入式开发时，很多开发者更习惯使用高级软件编程语言来实现特定功能。对于系统延迟及数据吞吐量要求不高且功能较为复杂的系统，高级语言编程可以在一定程度上降低开发人员工作量。因此，Xilinx 公司在其开发套件中内置了基于 RISC 指令集的 MicroBlaze 处理器软核 IP，以及基于 MicroBlaze 处理器的编译平台。在使用 MicroBlaze 平台进行开发的过程中，除 C 语言外，开发者可以不进行 HDL 编程。下面介绍该处理器 IP 的使用。

打开 ISE，创建一个新的工程。注意，此处创建新工程的路径只能使用英文且不允许有空格，如图 6-48 所示。

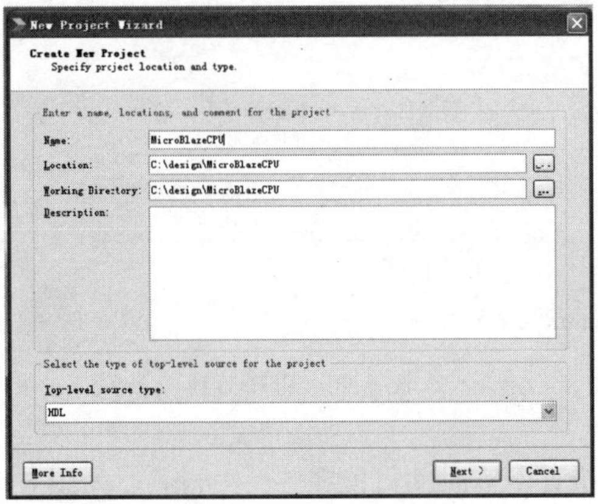

图 6-48 创建新的工程

单击"Next"之后，按照所使用的开发板型号进行设定，如图 6-49 所示。

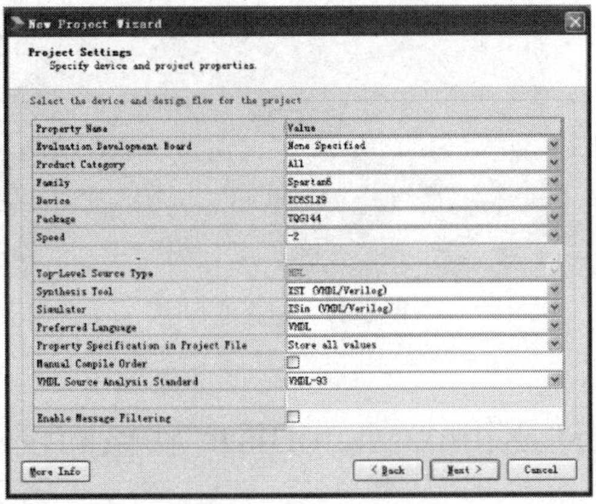

图 6-49 设备型号设置

在设置好设备型号后，右击工程，选择"New Source"，在弹出的窗口中选择"Embedded Processor"，并重命名，如图 6-50 所示。

创建完成后，系统会自动启动 XPS（Xilinx platform studio），在进入 XPS 后，提示当前为空工程，单击"Yes"，弹出图 6-51 所示窗口。此处应选择创建的 IP 类型。AXL 类型仅支持 Spartan6 或者更新的开发板，PLB 类型仅支持较早的开发板。由于市面上大多数教学用开发板为 Spartan6 系列或更早的系列，此处创建 PLB 类型的 IP，如图 6-51 所示。

图 6-50　源文件类型选择

一直单击"Next"直至看到图 6-52 所示界面。此时，需要选择系统核心数最，目前其支持单核心和双核心两种模式。由于目前实验例程的程序较为简单，无须多核心处理器，所以选择单核心。

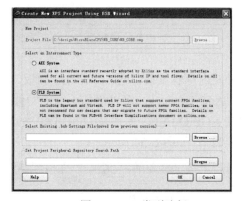

图 6-51　IP 类型选择

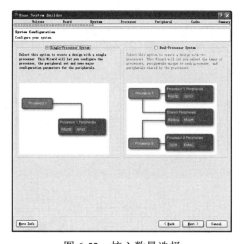

图 6-52　核心数量选择

单击"Next"之后，进入图 6-53 所示界面。此处应选择时钟频率及处理器主频。此处使用的基准时钟为 50MHz，处理器主频应为基准时钟倍频后可达到的频率。为方便，此处选择 50MHz，内存空间选择了 16KB。

图 6-53　处理器时钟和内存容量设置

设置完处理器时钟及内存容量后，进入器件选择面板。此时需要添加 CPU 的外部设备，通过单击"Add Device"，可以添加不同的器件及接口。在该实验中，添加 UART RS232 接口、GPIO LEDS 器件及 GPIO DIP_Switches 器件。并将全部 GPIO 器件位宽设置为"1"，如图 6-54 所示。

图 6-54　添加外部器件

完成上述操作后就基本完成了最简单的 MicroBlaze 核心设置，在后续 SUMMARY 界面确认无误后即可。完成设置后回到 XPS 主界面即可看到已设置好的处理器核心的全部信息。双击"Bus Interface"面板下的器件即可自定义各种器件的参数。此处以自定义 UART 接口的发送方式、发送位长及波特率为例。双击"RS232"器件，即可打开如图 6-55 所示窗口，此处设置波特率为 9600bit/s，位长为 8，不使用奇偶校验。

在完成参数自定义后，单击菜单栏的"Project"→"Export Hardware Design to SDK"→"Export Only"，处理完成后即可回到ISE主界面。此时已经完成MicroBlaze处理器核心及外部设备的设计。开发人员可以选择在自己的设计中调用该核心，完成整体系统设计，也可以只使用已设计好的系统进行开发。在 XPS 中，计算机已经完成了全部的设计，但是需要用户自定义管脚约束。在已生成的 IP 上右击，选择"Add Copy of Source"，导入在已经生成的处理器核心的"data"文件夹下的.ucf文件，如图 6-56 所示。

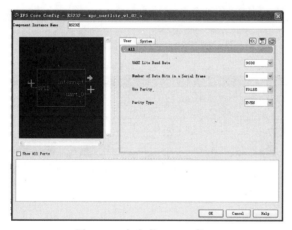

图 6-55 自定义 RS232 接口

图 6-56 导入管脚约束文件

导入管脚约束文件后打开该文件可以看到，所有需要分配的管脚都已经自动罗列，只需要按照自己的需求进行分配即可，如图 6-57 和图 6-58 所示。

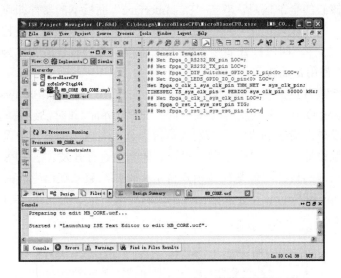

图 6-57　自动生成的管脚约束文件

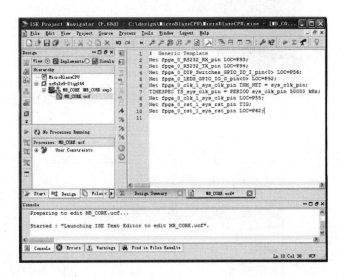

图 6-58　定义后的管脚约束

在完成管脚约束的定义后，选中已生成的 MicroBlaze 文件，双击"Generate Top HDL Source"即可生成顶层 HDL 代码文件，如图 6-59 所示。

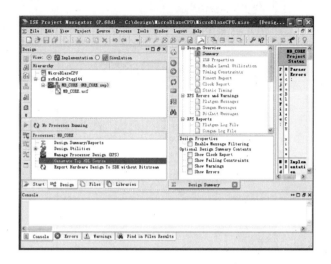

图 6-59 生成顶层 HDL 代码文件

在生成顶层 HDL 代码文件后可以看到,已经产生顶层文件。继续选择之前已经生成的处理器 IP 核,双击"Export Hardware Design To SDK with Bitstream"进行软核编译。编译完成后会自动打开 Xilinx SDK 平台。此过程所需时间较长,如图 6-60 所示。

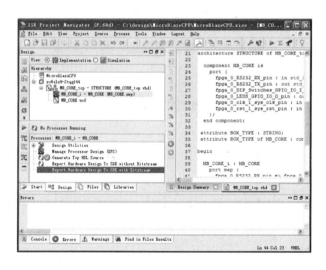

图 6-60 软核编译

软核编译完成进入 Xilinx SDK 平台后,可以查看已创建 IP 核的全部信息。单击"File"→"New Prosect"即可创建工程,进行高级语言项目开发。此处,为方便以 Xilinx 自带测试程序进行演示。单击"File"→"New Prosect"→"Application Project",此处导入的程序均为测试程序。单击后进入项目创建窗口,可进行项目参数定义。此处以 C 语言程序为例，如图 6-61 所示。

图 6-61　项目创建窗口

单击"Next"后选择所需程序范例。此处以"Hello World"程序为例，选中"Hello World"后单击"Finish"，如图 6-62 所示。

图 6-62　选择范例程序

选择完成后即可看到已经生成的 C 语言程序。此时在 C 语言程序代码所在的文件夹右击，选择"Run As"→"Run Configurations"，打开 Debug 配置界面，并双击"Xilinx C/C++ application (GDB)",如图 6-63 所示。

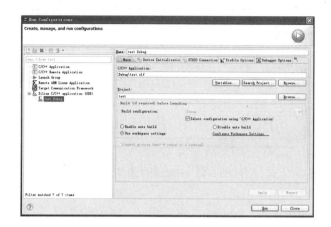

图 6-63 Debug 配置界面

此时将开发板的烧录器连接好并连接到计算机,串口线连接到计算机,开发板上电开机。由于此次实验使用 UART 串口,所以要求完成计算机 UART 串口驱动安装、并装好串口调试软件。完成后在 Debug 配置界面单击进入"STDIO Connection"面板,选中"Connect STDIO to Console"复选框,在下拉菜单中选择开发板连接的串口及之前设置的波特率,如图 6-64 所示。

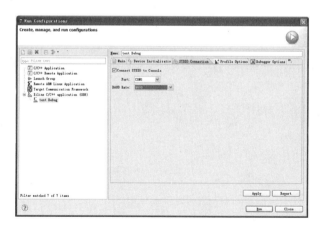

图 6-64 串口设置

设置完成后,单击"Run"完成 Debug 配置。若开发板未连接或串口驱动未安装、串口设置不对,则均无法正常配置 Debug。完成后单击菜单栏中的"Xilinx"→"Program FPGA",进入 FPGA 烧录界面,如图 6-65 所示。

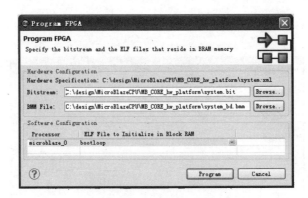

图 6-65　FPGA 烧录界面

　　确认无误后即可单击"Program"进行烧录。烧录完成后，单击菜单栏"Run"→"Run"即可运行程序。程序运行结果会在串口调试助手中显示。

　　该实验完成了最简单的 MicroBlaze 软核的调用与设置、基于 MicroBlaze 处理器核心的开发调试，对于需要使用 RISC 系统及 FPGA 进行混合开发的开发者可以大大降低其工作量。

第 7 章　基础设计实验

从本章开始我们进入实际的编程上机实验，相信读者对此充满了好奇、担心等想法。本章将要开始的实验是组合逻辑电路和时序逻辑电路基础实验。从简单的与非门开始逐步介绍如何用 VHDL 实现一些简单的组合逻辑电路。与组合逻辑电路相比，时序逻辑对电路的设计要求更高、更严格，电路的种类更繁多，更多了对时序的严格要求。同样，时序逻辑电路的功能也是非常强大的，其在数字系统中有十分广泛的应用。本章将通过大量的实例来说明如何用 VHDL 描述组合逻辑电路和时序逻辑电路。

7.1　与非门的实现

本章做的第一个实验是实现一个与非门。与非门是数字电路中最基本也是最常用的单元，几乎所有的电路(不管是简单的加法器、3-8 译码器，还是复杂的上千万门的 CPU、FPGA)，都无可避免地使用到与非门。所以尽管与非门如此简单，但是还是有必要认真地学习并掌握它。

与非门的逻辑表达式为 c =~ (a & b)。图 7-1 是与非门的电路原理图。

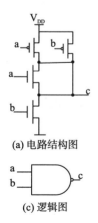

a	b	c
0	0	1
0	1	1
1	0	1
1	1	0

(a) 电路结构图

(c) 逻辑图

(b) 真值表

图 7-1　与非门的电路原理图

本节实验主要是编写一个 VHDL 程序，实现一个与非门，并编写激励程序，观察波形。可以尝试加入传播延迟和惯性延迟，观测其波形是否一样。

打开 ModelSim 软件，界面如图 7-2 所示。在编写设计程序之前需要做一些预备工作，建立当前的工作库及工程，工作库默认库名为工作库，包含了当前工程内所有已经设计好、未验证及正在仿真的中间模块。程序会默认工作库，不需要在程序中再对其进行说明。

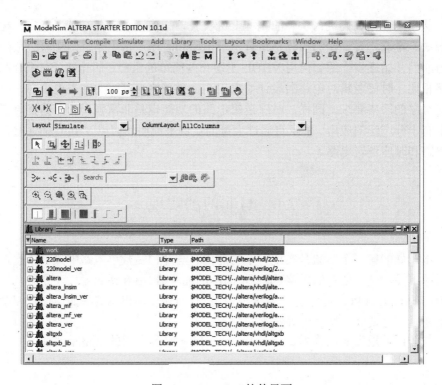

图 7-2　ModelSim 软件界面

创建工作库的流程为"File"→"New"→"Library"→"work"然后弹出图 7-3 所示的对话框，输入"work"单击"OK"就完成创建。这时在库文件列表最上方就可以看到工作库。

接下来通过"File"→"New"→"Project"创建工程。弹出图 7-4 所示的对话框，输入工程名，确认保存地址及默认工作库，单击"OK"就创建好当前设计的工程。

图 7-3　创建工作库　　　　　　　图 7-4　创建工程

创建好工程的同时会弹出图 7-5 所示的对话框，选择创建一个新的基于当前工程的文件。接着输入该文件的名称，及选择该文件的类型是 VHDL 还是 Verilog，或者其他语言，这里选择 VHDL。这就进入了文档编辑框，在这里可以编写程序。

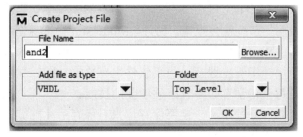

图 7-5　创建设计文件

VHDL 有三个重要的且必需的部分，第一个部分是参考库的声明，这一部分对于初学者只需要声明参考库的 LIBRARY IEEE 和声明引用 IEEE 库中的 STD_LOGIC_1164.ALL 程序包就足够使用。第二个部分是实体说明，在这一部分声明的是电路的端口及其方向和数据类型。对一个二输入与非门，有两个输入端口，一个输出端口，声明它们端口的方向及数据类型。第三个部分是构造体的声明，这一部分是实验的重点，电路的逻辑功能就是在这一部分确定与完成的。有多种方式可以描述一个电路的逻辑功能，例 7-1 提供了一种方法，读者可以尝试用其他的方式实现该功能。

【例 7-1】 二输入与非门。

```
LIBRARY IEEE;
USE IEEE.STD_LOGIC_1164.ALL;

ENTITY and2 IS
PORT(a,b:IN STD_LOGIC;
    c:OUT STD_LOGIC);
END and2;

ARCHITECTURE and2_1 OF and2 IS
BEGIN
c<=NOT(a AND b);
END and2_1;
```

编写程序时一定要遵循 VHDL 的语法规则，哪里的结尾需要分号，哪里的结尾不需要都要牢记。例如，例 7-1 的程序实体说明部分，输入端口数据类型说明后面有分号(a,b:IN STD_LOGIC;)，而输出端口数据类型说明后面的分号放在括号外面(c:OUT STD_LOGIC);)。标识符与保留字之间需要有空格，例如，例 7-1 程序中 a AND b 之间就需要有空格，不然系统会认为这是一个标识符，而在前面没有说明，系统就会报错。另外，ModelSim 会把保留字用其他颜色标示，如果编写的程序相应的保留字没有变色，说明这些地方输入有问题。对于初学者，可以按照范例一步一步地写，仿真软件也有检错功能，学会通过软件提示错误来改正程序是每个初学者必备且必须学会的技能。

输入完程序后一定要保存，只有保存后才能编译，否则会出错。文件的状态显示在 Project 窗口下文件名后面，没有编译的文件显示的是"？"。如果文件编译成功，则显示的是"√"；如果文件编译有错误，则显示的是"×"，如图 7-6 所示。

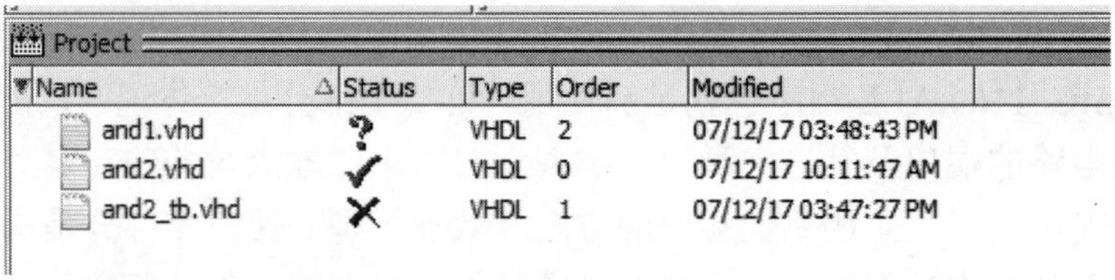

图 7-6　VHDL 程序编译后的结果状态

原文件编译成功后进行仿真，以确定设计是否正确、是否满足设计要求等。对一个设计进行仿真，首先需要给被仿真的设计施加仿真激励。

编写 Test Bench 测试文件是最常用的方法。Test Bench 文件可以理解为：通过向用户编写的逻辑功能模块提供外部信号激励来测试，所以对外没有输入、输出端口。完整的 Test Bench 文件与 VHDL 程序一样，也包含库的声明、实体和构造体。其不同之处在于，Test Bench 文件的实体是空实体，即不包含任何输入输出端口。构造体内只有信号，不存在端口的输入或输出，也不包含任何逻辑功能模块。构造体内产生的只是随时间变化的信号，用以测试用户编写的逻辑功能模块的表现是否能达到预期要求。下面以为二输入与非门逻辑模块写一个 Test Bench 文件为例说明如何完成 Test Bench 文件的编写。

通过"File"→"New"→"source"→"VHDL"来创建一个新的 VHDL 文件，通过"File"→"Save"将其以名"and2_tb"保存，意为文件"and2"的测试文件作为区分。在 Project 页面右击，选择添加已存在的文件，找到刚保存的文件添加，如图 7-7 所示。

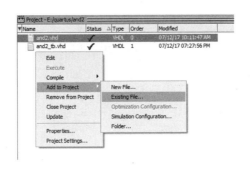

图 7-7　添加测试文件

这样在 Project 下便有两个文件，一个为具有一定逻辑功能的模块，另一个为只产生一系列波形的测试文件。测试文件如例 7-2 所示。

【例 7-2】二输入与非门测试文件。

```
LIBRARY ieee ;
USE ieee.std_logic_1164.all ;
ENTITY and2_tb  IS      //测试文件的空实体(没有端口定义)
END ;


ARCHITECTURE and2_tb_arch OF and2_tb IS
  SIGNAL a1   : STD_LOGIC:='0' ;  //信号的说明
  SIGNAL b1   : STD_LOGIC:='0' ;
  SIGNAL c1   : STD_LOGIC ;
```

```
    COMPONENT and2      //被测试元件的说明
      PORT (
        a : in STD_LOGIC ;
        b : in STD_LOGIC ;
        c : out STD_LOGIC );
    END COMPONENT ;

BEGIN
  DUT : and2        //调用被测试元件
    PORT MAP ( a1,b1,c1) ;
  PROCESS          --测试信号的产生
    BEGIN
    WAIT FOR 10 ns;
      a1<='0' ;
      b1<='1' ;
    WAIT FOR 10 ns;
      a1<='1' ;
      b1<='0' ;
    WAIT FOR 10 ns;
      a1<='1' ;
      b1<='1' ;
    WAIT FOR 10 ns;
  END PROCESS ;
END ARCHITECTURE and2_tb_arch ;
```

测试文件编译成功后可以进行功能仿真。在库文件中找到当前所用的工作库，可以看到工作库中有两个实体"and2"和"and2_tb"。值得一提的是，只有编译成功的文件才会显示在工作库中。

接下来要做的就是仿真和显示波形。在工作库中右击"and2"，创建波形，弹出波形显示窗口。右击"and2_tb"，单击"Simulate"，弹出图7-8所示窗口。

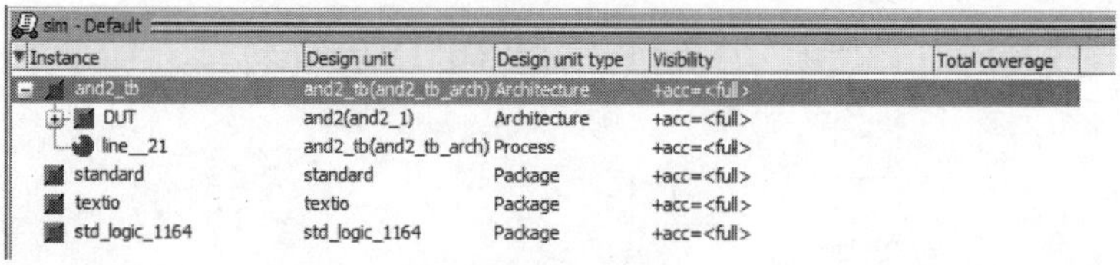

Instance	Design unit	Design unit type	Visibility	Total coverage
and2_tb	and2_tb(and2_tb_arch)	Architecture	+acc=<full>	
DUT	and2(and2_1)	Architecture	+acc=<full>	
line__21	and2_tb(and2_tb_arch)	Process	+acc=<full>	
standard	standard	Package	+acc=<full>	
textio	textio	Package	+acc=<full>	
std_logic_1164	std_logic_1164	Package	+acc=<full>	

图7-8 sim 窗口

在 sim 窗口右击"and2_tb"添加波形，就可以在波形窗口左边看到信号列表已经被加进去。在主菜单下选择"Simulation"→"Run"→"Run all"运行，在波形窗口就可以看到仿真的波形，如图 7-9 所示。

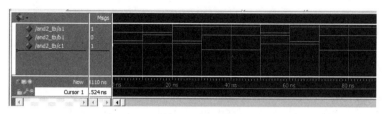

图 7-9　波形窗口

7.2　译码器的实现

译码电路是一种输入与输出一一映射的电路，即对不同的输入，输出也必须不相同。译码的意思就相当于将具有一定信息的输入翻译为可以理解的信息。图 7-10 所示的 2-4 译码器，输入有"00"、"01"、"10"和"11"四种情况，表示四种信息，如"00"表示使 CPU 读内存、"01"表示 CPU 写内存等。译码电路要翻译这种信息，使其变得简单易懂，最直接的办法就是使输出有 4 位，每一位表示一种信息，当只有一种输入时，让相应的输出位有效，而其他输出位无效。表 7-1 为 2-4 译码器的真值表。

表 7-1　2-4 译码器的真值表

输入			输出			
EN	I1	I0	D3	D2	D1	D0
0	x	x	0	0	0	0
1	0	0	0	0	0	1
1	0	1	0	0	1	0
1	1	0	0	1	0	0
1	1	1	1	0	0	0

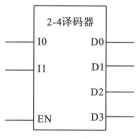

图 7-10　2-4 译码器

由此可见，译码器电路具有如下特点：①输出只有一种组合有效，有可能是一位，也可能是两位或者多位，由想要实现的功能决定，例如，七段数码管译码器可以有多位同时有效；②对于所有不同的输入，输出都应该不同。

7.2.1 3-8 译码器的实现

图 7-11 所示为 3-8 译码器的逻辑框图。一个 3-8 译码器具有 3 个二进制输入端 a、b、c 和 8 个译码输出端 y0~y7，输出端低电平有效，并且还有 3 个片选端口 g1、g2a 和 g2b。只有在 g1 为高电平，g2a 与 g2b 为低电平时，3-8 译码器才能进行正常译码，否则输出端口均为高电平。表 7-2 给出了 3-8 译码器的真值表。

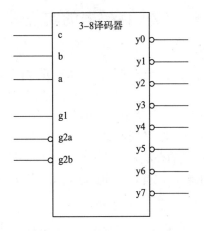

图 7-11 3-8 译码器的逻辑框图

表 7-2 3-8 译码器的真值表

片选输入端			二进制输入端			译码输出端							
g1	g2a	g2b	c	b	a	y0	y1	y2	y3	y4	y5	y6	y7
x	1	x	x	x	x	1	1	1	1	1	1	1	1
x	x	1	x	x	x	1	1	1	1	1	1	1	1
0	x	x	x	x	x	1	1	1	1	1	1	1	1
1	0	0	0	0	0	0	1	1	1	1	1	1	1
1	0	0	0	0	1	1	0	1	1	1	1	1	1
1	0	0	0	1	0	1	1	0	1	1	1	1	1
1	0	0	0	1	1	1	1	1	0	1	1	1	1
1	0	0	1	0	0	1	1	1	1	0	1	1	1
1	0	0	1	0	1	1	1	1	1	1	0	1	1
1	0	0	1	1	0	1	1	1	1	1	1	0	1
1	0	0	1	1	1	1	1	1	1	1	1	1	0

由 3-8 译码器的真值表可以看出，具有有效输出的端口的下标为输入的十进制数。值得注意的是，3-8 译码器的输入端的顺序为 c、b、a，其中 c 为高位，a 为低位；输出端 y7 为高位，y0 为低位。其输出为低电平有效，所以一次最多只有一位为低电平，其他位全为高电平。如果检测到两位及以上同时为低电平，则说明程序有错误。例 7-3 给出了 3-8 译码器的 VHDL 代码。

【例 7-3】 3-8 译码器。

```vhdl
LIBRARY IEEE;
USE IEEE.STD_LOGIC_1164.ALL;

ENTITY decoder_3_to_8 IS
  PORT(a,b,c,g1,g2a,g2b:IN STD_LOGIC;
    y:OUT STD_LOGIC_VECTOR(7 DOWNTO 0));
END decoder_3_to_8;

ARCHITECTURE rtl OF decoder_3_to_8 IS
SIGNAL indata:STD_LOGIC_VECTOR(2 DOWNTO 0);
BEGIN
indata<=c&b&a;
PROCESS(indata,g1,g2a,g2b)
BEGIN
IF(g1='1' AND g2a='0' AND g2b='0') THEN
CASE indata IS
 WHEN "000"=>Y<="11111110";
 WHEN "001"=>Y<="11111101";
 WHEN "010"=>Y<="11111011";
 WHEN "011"=>Y<="11110111";
 WHEN "100"=>Y<="11101111";
 WHEN "101"=>Y<="11011111";
 WHEN "110"=>Y<="10111111";
 WHEN "111"=>Y<="01111111";
 WHEN OTHERS=>y<="11111111";
END CASE;
ELSE
  y<="11111111";
END IF;
```

```
        END PROCESS;
        END rtl;
```

  3-8 译码器的片选输入端可以将更多的译码器连接起来,实现更多位的译码电路。6-16 译码器可以由两片 3-8 译码器级联而成,关键是利用好片选输入端。6-16 译码器具有 4 个输入端 d、c、b、a,16 个输出端。按照译码的规律,输出的下标表示输入的十进制数。当高位 d 为低电平时,表示高位无效,低三位 c、b、a 可以用第一片 3-8 译码器译码。当高位 d 为高电平时,表示高位有效,低三位 c、b、a 可以用第二片 3-8 译码器译码。由以上分析可知,高位 d 取反后应该连接第一片的片选输入端 g1,高位 d 连接在第二片的使能输入端 g1,使两片 3-8 译码器在不同的高位状态下分别被选通。这样就完成了从 3-8 译码器到 6-16 译码器的扩展。图 7-12 所示为由 3-8 译码器扩展为 6-16 译码器的方式。按照一定的方式可以将 3-8 译码器扩展成规模更大的译码电路。

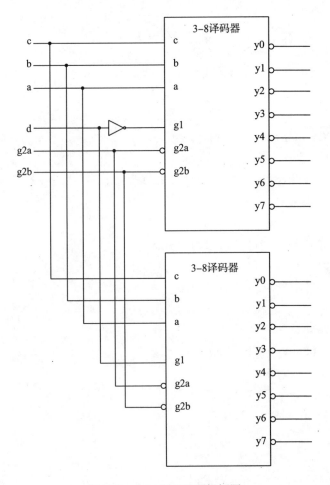

图 7-12 6-16 译码器逻辑框图

读者可以通过元件调用语句调用已经编译好的 3-8 译码器模块进行 6-16 译码器的设计。这样可以大大减少工作量、有效简化设计的难度、明确系统架构，也可以加强设计共享、提高设计效率与设计复用。例 7-4 给出了 6-16 译码器的 VHDL 程序。

【例 7-4】 6-16 译码器。

```
LIBRARY IEEE;
USE IEEE.STD_LOGIC_1164.ALL;

ENTITY decoder_4_to_16 IS                //定义输入输出端口
  PORT(a,b,c,d,g2a,g2b:IN STD_LOGIC;
    y:OUT STD_LOGIC_VECTOR(15 DOWNTO 0));
  END decoder_4_to_16;

ARCHITECTURE rtl2 OF decoder_4_to_16 IS
  COMPONENT decoder_3_to_8                //元件声明
    PORT(a,b,c,g1,g2a,g2b:IN STD_LOGIC;
      y:OUT STD_LOGIC_VECTOR(7 DOWNTO 0));
  END COMPONENT;
  SIGNAL nd:STD_LOGIC;
  BEGIN
    nd<=NOT d;
    --元件调用语句：使用两个 3-8 译码器构成一个 6-16 译码器
    u1:decoder_3_to_8 PORT MAP(a,b,c,nd,g2a,g2b,y(7 DOWNTO 0));
    u2:decoder_3_to_8 PORT MAP(a,b,c,d,g2a,g2b,y(15 DOWNTO 8));
END rtl2;
```

7.2.2 七段译码器的实现

七段译码器是将 4 位二进制 BCD 码翻译成数码管可以识别的 a~g 七位显示信号。根据实际情况，七段数码管译码器不需要扩展等情况，所以就没有使能端或扩选输入端。图 7-13 所示为七段数码管的结构及两种连接方式：共阴极连接及共阳极连接。这里采用共阴极连接的结构，所以 1 使相应位的二极管点亮，而 0 使其灭。由于 4 位二进制 BCD 码可以表示 0~15 的 16 个数字，而七段数码管只能显示 0~9 的 10 个数字，所以输入"1010"~"1111"是不用的。表 7-3 给出了七段译码器的真值表。例 7-5 给出了七段译码器的 VHDL 程序。

表 7-3 七段译码器的真值表

输入端				输出端						
I3	I2	I1	I0	g	f	e	d	c	b	a
0	0	0	0	0	1	1	1	1	1	1
0	0	0	1	0	1	1	0	0	0	0
0	0	1	0	1	0	1	1	0	1	1
0	0	1	1	1	0	0	1	1	1	1
0	1	0	0	1	1	0	0	1	1	0
0	1	0	1	1	1	0	1	1	0	1
0	1	1	0	1	1	1	1	1	0	1
0	1	1	1	0	0	0	0	1	1	1
1	0	0	0	1	1	1	1	1	1	1
1	0	0	1	1	1	0	1	1	1	1

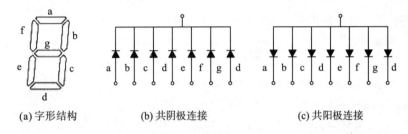

(a) 字形结构　　　　(b) 共阴极连接　　　　(c) 共阳极连接

图 7-13　七段数码管

【例 7-5】七段译码器。

```
LIBRARY IEEE;
USE IEEE.STD_LOGIC_1164.ALL;

ENTITY seg7 IS
  PORT(bcd:IN STD_LOGIC_VECTOR(3 DOWNTO 0);
    dout:OUT STD_LOGIC_VECTOR(6 DOWNTO 0));
END seg7;

ARCHITECTURE seg OF seg7 IS
  BEGIN
    WITH bcd SELECT
    dout<="0111111"WHEN"0000",    --显示 0
        "0110000"WHEN"0001",    --显示 1
```

```
                "1011011"WHEN"0010",     --显示2
                "1001111"WHEN"0011",     --显示3
                "1100110"WHEN"0100",     --显示4
                "1101101"WHEN"0101",     --显示5
                "1111101"WHEN"0110",     --显示6
                "0000111"WHEN"0111",     --显示7
                "1111111"WHEN"1000",     --显示8
                "1101111"WHEN"1001",     --显示9
                "0000000"WHEN OTHERS;    --其他都不显示
END seg;
```

读者可以尝试写一下共阳极连接的七段数码管译码电路。

7.3 编码器的实现

编码器是和译码器功能相对的电路。编码器一般采用的是优先级编码器。优先级编码器常用于中断的优先级控制，即当有多个中断同时请求时，必须先去处理这些中断请求中最重要的。和人们平时处理事情一样，分轻重缓急，先处理最重要、最紧急的事情，再处理一些无关轻重的事情。这是一种合理也是必需的处理方法，对电路系统也同样适用。

74LS148 就是一个 8 输入，3 位二进制码输出的优先级编码器。图 7-14 所示为优先级编码器的框图。8 位输入端口分别为 i0~i7，其中 i0 优先级最高，依次递减，i7 优先级最低。3 位输出端口分别为 y0~y2，其中 y2 是高位，y1 是低位。其输入、输出都是低电平有效。表 7-4 给出了优先级编码器的真值表。

图 7-14 优先级编码器的框图

表 7-4 优先级编码器真值表

输入								编码输出		
i7	i6	i5	i4	i3	i2	i1	i0	y2	y1	y0
x	x	x	x	x	x	x	0	1	1	1
x	x	x	x	x	x	0	1	1	1	0
x	x	x	x	x	0	1	1	1	0	1
x	x	x	x	0	1	1	1	1	0	0
x	x	x	0	1	1	1	1	0	1	1
x	x	0	1	1	1	1	1	0	1	0
x	0	1	1	1	1	1	1	0	0	1
0	1	1	1	1	1	1	1	0	0	0

参照真值表，优先级编码器的程序如例 7-6 所示。由于输入有优先级，所以需要使用 IF 语句。

【例 7-6】 优先级编码器。

```
ARCHITECTURE rtl3 OF encoder IS
BEGIN
  PROCESS(input)
    BEGIN
      IF(input(0)='0')THEN
      y<="111";
      ELSIF(input(1)='0')THENLIBRARY IEEE;
USE IEEE.STD_LOGIC_1164.ALL;


ENTITY encoder IS
  PORT(input: IN STD_LOGIC_VECTOR(7 DOWNTO 0);
    y: OUT STD_LOGIC_VECTOR(2 DOWNTO 0));
END encoder;

ARCHITECTURE rtl3 OF encoder IS
BEGIN
  PROCESS(input)
    BEGIN
      IF(input(0)='0')THEN     --使用 IF 语句实现优先级
      y<="111";
      ELSIF(input(1)='0')THEN
```

```
                y<="110";
            ELSIF(input(2)='0')THEN
                y<="101";
            ELSIF(input(3)='0')THEN
                y<="100";
            ELSIF(input(4)='0')THEN
                y<="011";
            ELSIF(input(5)='0')THEN
                y<="010";
            ELSIF(input(6)='0')THEN
                y<="001";
            ELSIF(input(7)='0')THEN
                y<="000";
            ELSE
                y<="111";
        END IF;
END PROCESS;
END rtl3;
```

7.4 多路选择器与多路分配器的实现

多路选择器是一种数据开关，它在输入的 n 个数据源中选一个数据送到输出端，以形成总线的传输。这相当于从不同方向来的 n 条小路同时和一条大路相连，为了保持交通的有序，需要同一时间只能让一条小路与大路保持连通，其余的小路只能关闭。所以其又称为数据选择器或多路开关。

多路选择器有多条输入信号线，一条输出信号线，还有一条数据选择线。同一时间可能有多条数据输入到多路选择器的数据输入端，选择哪一路数据输出到输出端，由数据选择线控制。多路选择器的 VHDL 程序如例 7-7 所示。

【例 7-7】多路选择器。

```
LIBRARY IEEE;
USE IEEE.STD_LOGIC_1164.ALL;

ENTITY mux4in8b IS
    PORT(q0,q1,q2,q3:IN STD_LOGIC_VECTOR(7 DOWNTO 0);
```

```
    sel:IN STD_LOGIC_VECTOR(1 DOWNTO 0);
    y:OUT STD_LOGIC_VECTOR(7 DOWNTO 0));
END mux4in8b;

ARCHITECTURE rtl4 OF mux4in8b IS
  BEGIN
    WITH sel SELECT y<=
    q0 WHEN "00",
    q1 WHEN "01",
    q2 WHEN "10",
    q3 WHEN "11",
    "00000000" WHEN OTHERS;
END rtl4;
```

多路分配器的功能恰好和多路选择器的相反。它将总线的数据分配到不同的输出端口以实现分配的功能。这相当于在大路的尽头连接了 m 条小路，大路上的数据一次只能分配给一条小路。多路分配器有一条数据输入线，多条数据输出线和一条数据选择线。多路分配器的 VHDL 程序如例 7-8 所示。

【例 7-8】多路分配器。

```
LIBRARY IEEE;
USE IEEE.STD_LOGIC_1164.ALL;

ENTITY demux4out8b IS
PORT(a: IN STD_LOGIC_VECTOR(7 DOWNTO 0);
  dst:IN STD_LOGIC_VECTOR(1 DOWNTO 0);
  p0,p1,p2,p3:OUT STD_LOGIC_VECTOR(7 DOWNTO 0));
END demux4out8b;

ARCHITECTURE rtl5 OF demux4out8b IS
  BEGIN
    PROCESS
      BEGIN
    CASE dst IS
   WHEN "00"=>p0<=a; p1<="00000000"; p2<="00000000"; p3<="00000000";
   WHEN "01"=>p1<=a; p0<="00000000"; p2<="00000000"; p3<="00000000";
   WHEN "10"=>p2<=a; p0<="00000000"; p1<="00000000"; p3<="00000000";
```

```
    WHEN "11"=>p3<=a; p0<="00000000"; p1<="00000000"; p2<="00000000";
    WHEN OTHERS=>p0<="00000000"; p1<="00000000"; p2<="00000000";
    p3<="00000000";
  END CASE;
  END PROCESS;
END rtl5;
```

多路选择器和多路分配器配合使用可以实现总线的功能,图 7-15 所示为 4 输入、位宽为 8 的多路选择器和 4 输出、位宽为 8 的多路分配器驱动总线和接收总线的电路。

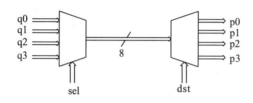

图 7-15 多路选择器和多路分配器组成的驱动总线与接收总线电路

可以调用已经编译好的多路选择器和多路分配器来实现对总线的驱动和接收。其程序如例 7-9 所示。

【例 7-9】多路选择器与多路分配器对总线的驱动和接收。

```
LIBRARY IEEE;
USE IEEE.STD_LOGIC_1164.ALL;

ENTITY bus8 IS
  PORT(q0,q1,q2,q3:IN STD_LOGIC_VECTOR(7 DOWNTO 0);
       p0,p1,p2,p3:OUT STD_LOGIC_VECTOR(7 DOWNTO 0);
       sel,dst:IN STD_LOGIC_VECTOR(1 DOWNTO 0));
END bus8;

ARCHITECTURE rtl6 OF bus8 IS
  COMPONENT mux4in8b
    PORT(q0,q1,q2,q3:IN STD_LOGIC_VECTOR(7 DOWNTO 0);
         sel:IN STD_LOGIC_VECTOR(1 DOWNTO 0);
         y:OUT STD_LOGIC_VECTOR(7 DOWNTO 0));
  END COMPONENT;
  COMPONENT demux4out8b
```

```
    PORT(a: IN STD_LOGIC_VECTOR(7 DOWNTO 0);
dst:IN STD_LOGIC_VECTOR(1 DOWNTO 0);
p0,p1,p2,p3:OUT STD_LOGIC_VECTOR(7 DOWNTO 0));
  END COMPONENT;
  SIGNAL mid8:STD_LOGIC_VECTOR(7 DOWNTO 0);
  BEGIN
    u1:mux4in8b PORT MAP(q0,q1,q2,q3,sel,mid8);
    u2:demux4out8b PORT MAP(mid8,dst,p0,p1,p2,p3);
END rtl6;
```

7.5 三人表决器

在日常生活中,当涉及多人共同决定某事件时,由于不能满足所有人的要求,这时就需要遵循少数人服从多数人的原则。三人表决器就是可以完成这样一件事的电路。三人表决器有三个输入端口,一个输出端口。输出结果会和相同输入最多的输入相同。假如输入高电平表示赞同,输入低电平表示反对,则当有两个及两个以上的输入为高电平时,输出为高电平,表示多数人赞同。反之如果有两个及两个以上的输入为低电平时,输出为低电平,表示多数人反对。

三人表决器的真值表如表 7-5 所示。从真值表可以写出输入输出的逻辑表达式,进而写出程序。无疑这样写出的程序是最简单的,但是需要人的劳动是最多的,如果输入、输出端口增多,计算的复杂度就会呈指数级上升,而且出错的概率也会大大增加。所以我们直接用 case 语句或其他语句罗列出所有输入的情况。三人表决器的 VHDL 程序如例 7-10 所示。

表 7-5 三人表决器真值表

输入			输出
a0	a1	a2	Y
0	0	0	0
0	0	1	0
0	1	0	0
0	1	1	1
1	0	0	0
1	0	1	1
1	1	0	1
1	1	1	1

【例 7-10】 三人表决器。

```
LIBRARY IEEE;
USE IEEE.STD_LOGIC_1164.ALL;

ENTITY maj IS
  PORT(a0,a1,a2:IN STD_LOGIC;
    y:OUT STD_LOGIC);
END maj;

ARCHITECTURE rtl7 OF maj IS
  SIGNAL indata:STD_LOGIC_VECTOR(2 DOWNTO 0);
BEGIN
    indata<=a0&a1&a2;
PROCESS
    BEGIN
    CASE indata IS
    WHEN "000"=>y<='0';
    WHEN "001"=>y<='0';
    WHEN "010"=>y<='0';
    WHEN "100"=>y<='0';
    WHEN OTHERS=>y<='1';
    END CASE;
  END PROCESS;
END rtl7;
```

7.6 比较器的实现

比较器是用于比较两个二进制数组大小关系的电路。比较器经常用在计算机和数字系统设计中，比较两个输入数据的大小或异同。本次实验将要设计一个 8 位比较器。该比较器有两个 8 位的输入端口 a 和 b，三个输出端口 gt、eq、lt，分别表示大于、等于、小于关系，即当 a>b 时，gt=1；当 a=b 时，eq=1；当 a<b 时，lt=1。输入输出都是高电平有效。图 7-16 和表 7-6 分别为 8 位比较器的逻辑框图和功能表。8 位比较器的 VHDL 程序如例 7-11 所示。

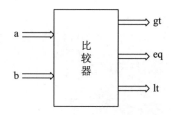

图 7-16 八位比较器的逻辑框图

表 7-6 8 位比较器功能器电路图

a 与 b 比较	gt	eq	lt
a>b	1	0	0
a=b	0	1	0
a<b	0	0	1

【例 7-11】8 位比较器。

```
LIBRARY IEEE;
USE IEEE.STD_LOGIC_1164.ALL;

ENTITY comp8 IS
  PORT(a,b:IN STD_LOGIC_VECTOR(7 DOWNTO 0);
    gt,eq,lt:OUT STD_LOGIC);
  END comp8;

ARCHITECTURE rtl8 OF comp8 IS
  BEGIN
    PROCESS
      BEGIN
        IF(a>b)THEN
        gt<='1'; eq<='0'; lt<='0';
        ELSIF(a=b)THEN
        gt<='0'; eq<='1'; lt<='0';
        ELSIF(a<b)THEN
        gt<='0'; eq<='0'; lt<='1';
      END IF;
  END PROCESS;
END rtl8;
```

7.7 双向总线驱动器的实现

双向总线驱动器通常用于控制两个总线之间数据的传递。除了方向控制信号外，双向总线驱动器没有固定的输入端口或输出端口，即这些端口既可以作为输入端口，也可以作为输出端口。而这些端口是用作输入端口还是用作输出端口由方向控制信号决定。

本节实验要完成的是 8 位双向总线驱动器的设计。8 位双向总线驱动器共有两个 8 位信号线 a、b，一个使能输入端 en，一个方向控制端 dir。它的功能表如表 7-7 所示。

表 7-7 双向总线驱动器的功能表

en	dir	信号传输
0	x	a,b 均为高阻态，两个总线上的数据不发生交换
1	0	数据从 a 传输到 b
1	1	数据从 b 传输到 a

8 位双向总线驱动器的 VHDL 程序如例 7-12 所示。值得注意的是，若使能输入端无效，则两个端口都应该处于高阻态，双向总线驱动器等效于断开状态，两个总线没有数据交流，各自传输各自的。

【例 7-12】8 位双向总线驱动器。

```
LIBRARY IEEE;
USE IEEE.STD_LOGIC_1164.ALL;
USE IEEE.STD_LOGIC_ARITH.ALL;
USE IEEE.STD_LOGIC_UNSIGNED.ALL;

ENTITY dofdbus IS
  PORT(a,b:INOUT STD_LOGIC_VECTOR(7 DOWNTO 0);
    en,dir:IN STD_LOGIC);
  END dofdbus;

ARCHITECTURE rtl9 OF dofdbus IS
  BEGIN
  PROCESS(a,en,dir)
```

```vhdl
    BEGIN
      IF en='0' THEN
       b<="ZZZZZZZZ";
      ELSIF en='1' AND dir='0' THEN
       b<=a;
      END IF;
   END PROCESS;
   PROCESS(b,en,dir)
     BEGIN
      IF en='0' THEN
       a<="ZZZZZZZZ";
      ELSIF en='1' AND dir='1'THEN
        a<=b;
      END IF;
   END PROCESS;
END rtl9;
```

7.8 存储器的实现

存储器有两种类型，分别为只读存储器和随机存储器。这两种存储器虽然在功能上有很大的差别，描述上也有区别，但是其有一些共同点值得关注，即两种存储器都可以看作一个固定大小的二维数组。存储器是存储器单元阵列的形式，每个存储器单元都可以看作二维数组的一行，而二维数组的列的大小则是存储单元的个数即存储单元的存储空间大小。人为给每个存储单元一个序号(实际电路通过地址译码器实现)，就可以通过外部地址来访问这些存储单元。可以通过定义一个用位矢量表示的数组表示存储单元，然后通过把这个数组扩展成二维数组的方式定义一个存储器。下面我们以一个 256×4 的存储器为例进行说明。

```vhdl
SUBTYPE word IS STD_LOGIC_VECTOR(3 DOWNTO 0);
```

定义了一个 4 位的位矢量数组 word，表示每个存储单元可以存放 4 位二进制数。

```vhdl
TYPE memory IS ARRAY(0 TO 255) OF word;
```

定义了一个名为 memory 的数组，共有 256 个元素，每个元素都是 word 类型的，即说明这个存储器有 256 个存储单元，每个存储单元可存储 4 位二进制数。

下面分别介绍只读存储器和随机存储器如何实现。

7.8.1 ROM 的实现

一个存储容量为 256×4 的 ROM 需要 8 位地址线 adr(0)~adr(7)，4 位数据输出线 dout(0)~dout(3)，2 位选择控制输入 g1 和 g2，用来扩展存储使用，最多可扩展 4 片相同的存储器。当 g1=1，g2=1 时，该存储器被选通，由地址线确定某一个 ROM 单元，该单元的数据被送到输出端口输出，否则输出端口呈高阻状态。

ROM 的内容只能写入一次，在仿真前应该先读到 ROM 中，这就是 ROM 的初始化。存储器的初始化需要读取外部的文件，由于本小节没有相关内容，所以自行生成一些数据存入 ROM 中。该 ROM 的 VHDL 程序如例 7-13 所示。

【例 7-13】 ROM 的实现。

```
LIBRARY IEEE;
USE IEEE.STD_LOGIC_1164.ALL;
USE IEEE.STD_LOGIC_UNSIGNED.ALL;
USE IEEE.STD_LOGIC_TEXTIO.ALL;
USE STD.TEXTIO.ALL;

ENTITY rom256_4 IS
  PORT(g1,g2:IN STD_LOGIC;
    adr:IN STD_LOGIC_VECTOR(7 DOWNTO 0);
    dout:OUT STD_LOGIC_VECTOR(3 DOWNTO 0));
  END rom256_4;

ARCHITECTURE rtl10 OF rom256_4 IS
  SUBTYPE word IS STD_LOGIC_VECTOR(3 DOWNTO 0);
  TYPE memory IS ARRAY(0 TO 255)OF word;
  SIGNAL adr_in:INTEGER RANGE 0 TO 255;
  BEGIN
    PROCESS(g1,g2,adr)
      VARIABLE rom:memory;
      VARIABLE startup:BOOLEAN:=TRUE;
      VARIABLE l:LINE;
      VARIABLE j:INTEGER;
      VARIABLE data: STD_LOGIC_VECTOR(3 DOWNTO 0):="0000";
      BEGIN
```

```
            IF startup THEN
              FOR j IN 0 TO 255 LOOP
                IF data="1111" THEN
                   data:="0000";
                ELSE
                   data:=data+"0001";
                END IF;
                rom(j):=data;
              END LOOP;
              startup:=FALSE;
            END IF;
         adr_in<=CONV_INTEGER(adr);
         IF(g1='1' AND g2='1')THEN
            dout<=rom(adr_in);
         ELSE
            dout<="ZZZZ";
         END IF;
      END PROCESS;
END rtl10;
```

程序分为两个部分，第一部分是初始化过程将产生的 4 位二进制数写入 ROM 中；第二个部分是读出的过程。其中 CONV_INTEGER()是一个将位矢量转换成整数的函数，在 IEEE 的标准程序包中可以找到，这里直接引用该函数。

7.8.2 RAM 的实现

RAM 不需要初始化操作，可以随时读写。但是其对读和写在时间上有比较严格的要求。以一个 256×4 的 RAM 为例说明。256×4 的 RAM 有一个 8 位地址线 adr(0)~adr(7)，4 位的数据线 data(0)~data(3)，数据线既可以用作输入数据，也可以用来输出数据，还有高电平有效的片选信号 cs、写控制线 wr、读控制线 rd。当 cs 为高电平时，若 wr 为高电平，则写入数据；若 rd 为高电平，则读出数据。若 cs 为低电平，则数据线被置为高阻态。RAM 的 VHDL 程序如例 7-14 所示。

【例 7-14】 RAM 的实现。

```
LIBRARY IEEE;
USE IEEE.STD_LOGIC_1164.ALL;
USE IEEE.STD_LOGIC_UNSIGNED.ALL;
```

```vhdl
USE IEEE.STD_LOGIC_ARITH.ALL;

ENTITY ram256_4 IS
  PORT(rd,wr,cs:IN STD_LOGIC;
    adr:IN STD_LOGIC_VECTOR(7 DOWNTO 0);
    data:INOUT STD_LOGIC_VECTOR(3 DOWNTO 0));
END ram256_4;

ARCHITECTURE rtl11 OF ram256_4 IS
  SUBTYPE word IS STD_LOGIC_VECTOR(3 DOWNTO 0);
  TYPE memory IS ARRAY(0 TO 255)OF word;
  SIGNAL adr_in:INTEGER RANGE 0 TO 255;
  SIGNAL mem:memory;
BEGIN
  PROCESS(rd,wr,cs,adr,data)
    BEGIN
      adr_in<=CONV_INTEGER(adr);
      IF cs='1'THEN
        IF wr='1'THEN
          mem(adr_in)<=data AFTER 5 ns;
        ELSIF rd='1' THEN
          data<=mem(adr_in) AFTER 5 ns;
        END IF;
      ELSE data<="ZZZZ" AFTER 5 ns;
      END IF;
  END PROCESS;
END rtl11;
```

7.9 移位寄存器的实现

寄存器是一种典型的具有记忆功能的电路，在数字系统中的地位非常重要。其通常用来存储系统重要的信息，如指令、数据和地址等。寄存器的种类非常多，通常分为锁存器和移位寄存器。其中，移位寄存器又可根据其输入、输出的方式分为串入串出、串入并出、并入串出、并入并出移位寄存器。以一个串入串出移位寄存器为例说明如何编写寄存器的 VHDL 程序。

一个 8 位的串入串出移位寄存器有一个数据输入端 din，一个时钟上升沿有效的同步时钟输入端 clk 和一个数据输出端 dout。当时钟沿到来时，输入端的数据和内部的数据逐次向后移动一位。例 7-15 所示为 8 位串入串出移位寄存器的 VHDL 程序。

【例 7-15】 8 位串入串出移位寄存器。

```vhdl
LIBRARY IEEE;
USE IEEE.STD_LOGIC_1164.ALL;

ENTITY reg8 IS
  PORT(d,clk:IN STD_LOGIC;
    q:OUT STD_LOGIC);
END reg8;

ARCHITECTURE rtl2 OF reg8 IS
  COMPONENT dff
    PORT(clk,d:IN STD_LOGIC;
    q:OUT STD_LOGIC);
  END COMPONENT;
  SIGNAL y:STD_LOGIC_VECTOR(0 TO 8);
BEGIN
  y(1)<=d;
  g1:FOR i IN 0 TO 5 GENERATE
    dffx: dff PORT MAP(y(i),clk,y(i+1));
  END GENERATE;
  q<=y(8);
END rtl2;
```

在该程序中使用了调用语句调用触发器 dff 元件，并使用了生成语句。元件 dff 的程序如例 7-16 所示。

【例 7-16】元件 dff。

```vhdl
LIBRARY IEEE;
USE IEEE.STD_LOGIC_1164.ALL;

ENTITY dff IS
  PORT(clk,d:IN STD_LOGIC;
    q:OUT STD_LOGIC);
```

```
END dff;

ARCHITECTURE rtl1 OF dff IS
BEGIN
  PROCESS(clk)
  BEGIN
    IF(clk'EVENT AND clk='1')THEN
      q<=d;
    END IF;
  END PROCESS;
END rtl1;
```

读者可以独自尝试一下完成其他几种寄存器的 VHDL 程序的实现。

7.10 同步可逆计数器的实现

计数是一种最简单、最基本的运算，计数器就是实现这种运算的逻辑电路。计数器在数字系统中主要对脉冲的个数进行计数，以实现测量、计数和控制的功能，同时兼有分频功能。计数器是数字系统中应用最多的时序逻辑电路，例如，在电子计算机的控制器中对指令地址进行计数，以便顺序取出下一条指令；在运算器中做乘法、除法运算时记下加法、减法次数；在数字仪器中对脉冲的计数。计数器还可以用于分频、定时、产生节拍脉冲和脉冲序列，以及进行数字运算等。

计数器在计数的过程中可以根据触发器是否同时翻转分为同步计数器和异步计数器，还可以根据计数过程数字的增减分为加法计数器、减法计数器和可逆计数器。其还有许多分类的方式，但是第一种分类方式更常用，可以第一时间知道该计数器的工作方式，以便于开发人员进行设计。

下面以一个 4 位二进制可装载、可输出进位及借位信号的同步可逆计数器为例说明计数器的 VHDL 程序如何设计。对于一个 4 位的同步可逆计数器，具有一个时钟输入端口 clk，一个高电平有效的清零端口 clr，一个计数方向控制端口 updown，一个高电平有效的使能输入端口 ce，一个高电平有效装载控制输入端口 load、高电平有效的进位输出端口 cup 和借位输出端口 cdown，同时还有高电平有效的进位输入端口 ci 和借位输入端口 co，四个装载数据输入端口 d(0)~d(3)，四个输出端口 q(0)~q(3)。其中，当 updown=1 时，计数器递增计数；当 updown=0 时，计数器递减计数。当 clr=1 时，计数器输出清零；当 clr=0 时，计数器正常计数。当进位输入端口 ci=1 时，计数器加 1；当借位输入端口 co=1 时，计数器减 1。

当计数器递增计数到 1111 时,在下一个时钟上升沿到来时,进位输出端口 cup=1,表示向更高位进位。反之,当计数器递减计数到 0000 时,借位输出端口 cdown=1,表示向更高位借位。有了进位输出端口和借位输出端口,就可以扩展计数器的规模。例 7-17 给出了 4 位二进制同步可逆计数器的 VHDL 程序。

【例 7-17】4 位二进制同步可逆计数器。

```
LIBRARY IEEE;
USE IEEE.STD_LOGIC_1164.ALL;
USE IEEE.STD_LOGIC_UNSIGNED.ALL;

ENTITY cout IS
  PORT(clk,clr,ce,load,updown,ci,co:IN STD_LOGIC;
    d:IN STD_LOGIC_VECTOR(3 DOWNTO 0);
    cup,cdown:OUT STD_LOGIC;
    q:OUT STD_LOGIC_VECTOR(3 DOWNTO 0));
END cout;

ARCHITECTURE counter OF cout IS
  SIGNAL cout_4:STD_LOGIC_VECTOR(3 DOWNTO 0);
BEGIN
PROCESS(clk,clr)
  BEGIN
    IF(clr='1')THEN
      cout_4<="0000";
    ELSIF(clk'EVENT AND clk='1')THEN
    IF(ce='1')THEN
    IF(load='1')THEN
    cout_4<=d;  ELSE
      IF(updown='1')THEN
        cout_4<=cout_4+1;
        IF(ci='1')THEN
        cout_4<=cout_4+1;
      ELSIF(co='1')THEN
        cout_4<=cout_7-1;
     END IF;
    ELSE
```

```
          cout_4<=cout_7-1;
          IF(ci='1')THEN
          cout_4<=cout_4+1;
        ELSIF(co='1')THEN
        cout_4<=cout_7-1;
        END IF;
      END IF;
    END IF;
  END IF;
  END IF;
END PROCESS;
PROCESS(clr,clk)
  BEGIN
    IF(clr='1')THEN
    cup<='0';
    ELSIF (clk'EVENT AND clk='1')THEN
      IF(cout_4="1111" AND (updown='1' OR ci='1'))THEN
        cup<='1'; cdown<='0';
      ELSIF(cout_4="0000" AND (updown='0' OR co='1'))THEN
        cup<='0';cdown<='1';
      ELSE cup<='0';cdown<='0';
      END IF;
    END IF;
END PROCESS;
q<=cout_4;
END counter;
```

读者可以尝试将该 4 位二进制可逆计数器作为基本元件来完成更多位二进制的可逆计数器的设计。同时读者可以尝试完成其他类型的计数器及其扩展。设计中最重要的一个环节就是提供可以扩展的端口，给后续的设计带来方便。例如，加法器的设计思路就是通过串联一位全加器来实现多位加法器。

7.11 分频器的实现

一个数字系统由不同的模块组成，这些模块对速度的要求往往是不同的，这就要为不同的模块提供不同的时钟。而数字系统对相位的要求非常严格，采用不同的时钟源对同步电路来说是完全不可接受的。数字系统只提供一个高频的时钟源，这时低速模块需要的低频时钟必须由高频的时钟源获得，获得的方法就是分频。分频的方法有很多种，计数器就是一种比较常用的分频方法。可以采用输出计数器的某一高阶位来获得，或者计数到某一状态时输出翻转也可以达到分频的目的。分频器可以获得不同占空比的分频信号。

本节实验将输入的时钟信号进行 8 分频，分频信号的占空比为 1/8，即高电平的信号宽度为输入时钟信号的一个周期。其 VHDL 程序如例 7-18 所示。

【例 7-18】 分频器。

```
LIBRARY IEEE;
USE IEEE.STD_LOGIC_1164.ALL;
USE IEEE.STD_LOGIC_ARITH.ALL;
USE IEEE.STD_LOGIC_UNSIGNED.ALL;

ENTITY clkdiv IS
  PORT(clk:IN STD_LOGIC;
    clk_div8:OUT STD_LOGIC);
END clkdiv;

ARCHITECTURE div8 OF clkdiv IS
  SIGNAL cout:STD_LOGIC_VECTOR(3 DOWNTO 0);
  BEGIN
    PROCESS(clk)
      BEGIN
        IF(clk'EVENT AND clk='1')THEN
          IF(cout="1111")THEN
            cout<="0000";
            clk_div8<='1';
          ELSE
            cout<=cout+'1';
            clk_div8<='0';
          END IF;
        END IF;
    END PROCESS;
END div8;
```

这种分频器在硬件电路设计中有十分广泛的应用，常被用来产生选通信号、中断信号和数字通信中经常用到的帧头信号等。作为练习，读者可以设计一个占空比从 1/100 到 99/100 连续变化的 100 分频器。

7.12　状态机的设计

在数字电路课程中，针对稍微复杂的时序逻辑电路，一般先画出它的真值表然后提取它的状态图，进而判断此电路所具备的功能。在正向设计过程中，事先不知道需要设计的时序逻辑电路的架构，所以需要通过状态图设计出有限状态机（finite state machine，FSM）。有限状态机是许多数字电路的核心部分，它就像时钟的齿轮，保证一个系统按规律工作。在任何时刻一个系统只能处于一种状态下，各状态的结合与转换构成了整个系统功能的实现。下面从最简单的 8 位计数器入手，理解有限状态机的设计。

图 7-17 所示为 8 位计数器的状态图。通过此状态图，开发人员可以设计出相应的 VHDL 代码，代码如例 7-19 所示。

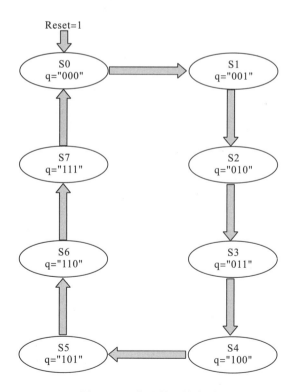

图 7-17　8 位计数器状态图

【例 7-19】 8 位计数器状态机。

```vhdl
LIBRARY IEEE;
USE IEEE.STD_LOGIC_1164.ALL;
ENTITY counter IS
    PORT (clk,reset: IN STD_LOGIC;
            q : OUT STD_LOGIC_VECTOR(2 DOWNTO 0));
END counter;
ARCHITECTURE beh_counter OF counter IS
    TYPE state IS (S0,S1,S2,S3,S4,S5,S6,S7);
   SIGNAL current_state,next_state : state;
BEGIN
    sta:PROCESS (clk, reset)
   BEGIN
       IF reset='0' THEN current_state<=S0;
   ELSIF clk'EVENT AND clk='1' THEN current_state<=next_state;
   END IF;
   END PROCESS sta;
     com:PROCESS (current_state)
         BEGIN
   CASE current_state IS
       WHEN S0=> next_state<=S1; q<="000";
    WHEN S1=> next_state<=S2; q<="001";
    WHEN S2=> next_state<=S3; q<="010";
    WHEN S3=> next_state<=S4; q<="011";
    WHEN S4=> next_state<=S5; q<="100";
    WHEN S5=> next_state<=S6; q<="101";
    WHEN S6=> next_state<=S7; q<="110";
    WHEN S7=> next_state<=S0; q<="111";
    WHEN OTHERS=>next_state<=S0;q<="000";
    END CASE;
  END PROCESS com;
END beh_counter;
```

其仿真结果如图 7-18 所示。

图 7-18 8 位计数器仿真结果

在编程描述 8 位计数器状态机时，一般会用 TYPE 语句建立一个自定义数据类型，如例 7-19 中的 state 类型。

从例 7-19 中可以看出，8 位计数器状态机的编写一般需要两个进程：一个进程完成状态的跳转，另一个进程完成输出的赋值及下一个进程的确定。进程为并行运行，不过由于电路自身延迟及敏感信号，进程完成是有先后的。在本例中，sta 进程在时钟到来时先运行，完成判断复位及赋值。当 current_state 改变时，com 进程开始运行。

在数字电路中，有两类主要的时序电路，一种是 Moore 型电路，另一种是 Mealy 型电路。Moore 型电路的输出仅与电路的当前状态有关，而 Mealy 型电路输出除了与当前状态有关之外，还与当前的输入有关。下面将分别介绍两种状态机的设计。

Moore 型状态机的输出仅取决于当前电路的状态。在 VHDL 程序设计中，状态机的设计一般用枚举法进行，这样不仅能够清楚、直观地反映各状态的变化，而且方便电路的综合。

图 7-19 描述了一个 Moore 型状态机的状态转移图，在例 7-20 中将进行程序的设计和讲解。

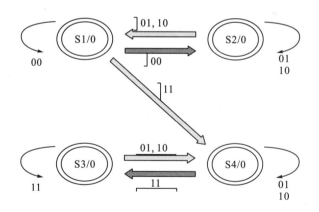

图 7-19 Moore 型状态机的状态转移图

【例 7-20】 Moore 状态机。

```
LIBRARY IEEE;
USE IEEE.STD_LOGIC_1164.ALL;
```

```vhdl
ENTITY moore IS
 PORT(clk,reset:IN STD_LOGIC;
   state_input :IN STD_LOGIC_VECTOR(0 TO 1);
   comb_output :OUT STD_LOGIC_VECTOR(0 TO 0));
END moore;
ARCHITECTURE bev OF moore IS
   TYPE state IS(s1,s2,s3,s4);
 SIGNAL c_s,n_s:state;
BEGIN
 REG:PROCESS(clk,reset)
 BEGIN
   IF reset='1' THEN c_s<=s1;
   ELSIF rising_edge(clk) THEN c_s<=n_s;
   END IF;
 END PROCESS REG;

 COM:PROCESS(c_s,n_s)
 BEGIN
    CASE c_s IS
  WHEN s1=>comb_output<="0";
     IF state_input="00" THEN n_s<=s1;
    ELSIF state_input="01" or state_input="10" THEN n_s<=s2;
    ELSIF state_input="11" THEN n_s<=s4;
    END IF;
  WHEN s2=>comb_output<="0";
     IF state_input="01" or state_input="10" THEN n_s<=s2;
    ELSIF state_input="00" THEN n_s<=s1;
    END IF;
  WHEN s3=>comb_output<="0";
     IF state_input="01" or state_input="10" THEN n_s<=s4;
    ELSIF state_input="11" THEN n_s<=s3;
    END IF;
  WHEN s4=>comb_output<="0";
     IF state_input="01" or state_input="10" THEN n_s<=s4;
    ELSIF state_input="11" THEN n_s<=s3;
```

```
        END IF;
      END CASE;
    END PROCESS COM;
END bev;
```

设计状态机的过程其实不难,按照产品所需要的状态图一步一步地向下进行即可。

Mealy 型状态机的输出与当前输入有关,例 7-21 为利用 Mealy 状态机设计的序列检测器 VHDL 程序,当序列中有两个连续的 1 时,输出 y 为 1,否则为 0。

【例 7-21】序列检测器。

```
LIBRARY IEEE;
USE IEEE.STD_LOGIC_1164.ALL;
ENTITY check IS
    PORT(clk,reset :IN STD_LOGIC;
         seq_in:IN STD_LOGIC;
         y:OUT STD_LOGIC);
END check;

ARCHITECTURE bev OF check IS
    TYPE states IS (s0,s1);
    SIGNAL c_s,n_s : states;
BEGIN
    REG:PROCESS(clk,reset)
    BEGIN
        IF (reset='1') THEN c_s<=s0;
        ELSIF(clk'EVENT AND clk='1') THEN c_s<=n_s;
        END IF;
    END PROCESS REG;
    COM:PROCESS(c_s,n_s)
    BEGIN
        CASE c_s IS
        WHEN s0=>IF(seq_in='1')THEN n_s<=s1;
                 ELSE n_s<=s0;
                 END IF;
                 y<='0';
        WHEN s1=>IF(seq_in='1')THEN n_s<=s1; y<='1';
```

```
                ELSE n_s<=s0;y<='0';
            END IF;
        END CASE;
    END PROCESS COM;
END bev;
```

由此可以看到,在程序的大体结构上,两种状态机没有明显差别。但在 Mealy 型状态机的实体声明中,会加入输入信号,如例 7-21 中的 seq_in,表明 Mealy 型状态机输出与输入有关。

第 8 章 系统设计实验

本章以具有一定复杂度的典型电子系统设计为例，综合运用组合逻辑和时序逻辑设计方法，进行功能较为复杂的数字系统设计。

8.1 乐曲演奏器的实现

乐曲演奏器是将已经存在的乐谱自动地通过蜂鸣器演奏出来。不同的音调对应不同的频率，通过不同频率的信号让蜂鸣器发声，就可以产生不同的音调。通过持续地让蜂鸣器发出不同频率的声音完成一段音乐的演示。本节的实验就是要完成一个简易乐曲演奏器，下面具体分析简易乐曲演奏器的原理和实现方法。

音名和频率的关系如表 8-1 所示。

表 8-1 音名与频率的关系

音名	频率/Hz	音名	频率/Hz	音名	频率/Hz
低音 1	261.63	中音 1	523.25	高音 1	1046.5
低音 2	293.67	中音 2	587.33	高音 2	1174.66
低音 3	329.23	中音 3	659.25	高音 3	1318.51
低音 4	349.23	中音 4	698.46	高音 4	1396.92
低音 5	391.99	中音 5	783.99	高音 5	1567.98
低音 6	440	中音 6	880	高音 6	1760
低音 7	493.88	中音 7	987.76	高音 7	1975.52

从表 8-1 中可以看到，各高音频率是各自对应中音及低音频率的 2 倍及 4 倍，在电路中可以看作各低音是各自对应中音的 2 分频，各中音是各自对应高音的 2 分频。

要产生这些频率，最方便的方法是通过对一高频的基准频率 f_0 进行分频。由于分频在很大程度上不能得到准确的响应频率，存在四舍五入现象，所以基准频率越高，分频得到的信号近似程度越高。但是分频系数就会越大，消耗更多的芯片资源。本节选取 10MHz 的信号作为基准频率。

分频系数 A 是由基准频率除以音名频率得到的，表示由基准频率得到音名频率需要进行多少次分频。由于一般都是由计数器得到分频系数，如果不加入处理语句，其分频后的信号将不是方波。可以将分频系数 A 分解为分频系数 $(n=A/2)$，即先进行系数 n 的分频，然后进行二分频便得到音名频率的 2 分频。

现在来确定二进制计数器的容量 N，即计数器的位数。n 分频可以通过 n 进制计数器实现。n 进制计数器可以通过复位法或置位法来实现。复位法是通过计数器从 0 加法计数到 n-1，再复位为 0 实现的，共 n 个状态。而置位法是通过置入初始值 d，从初始值 d 开始加法计数到最大值 N-1，再置入初始值 d，初始值 $d=N-n$。由于复位法需要检测电路来检测是否计数到 n-1，而置位法不需要，又由于本次实验需要获得不同的分频，采用复位法需要消耗更多的资源，所以本次实验采用置位法。

频率低的音名需要更大的分频系数，即需要的二进制计数器的位数由频率最低的音名决定。低音 1 的分频系数 n=20039。而计数器的容量 N 应该大于最大分频系数 n，由此可以得到计数器最少需要 15 位，此时该二进制的容量为 $N=2^{15}$=32768。各音名分频计数的初始值 d 计算公式为：$d=N-n$。将得到的各音名对应的分频系数 n 及初始值 d 列入表 8-2 中，以便使用。

表 8-2 基准频率 f_0=10MHz 时各音名对应的分频系数 n 及初始值 d

音名	分频系数 n	初始值 d	音名	分频系数 n	初始值 d	音名	分频系数 n	初始值 d
低音 1	20039	12729	中音 1	10020	22748	高音 1	5010	27758
低音 2	17853	14915	中音 2	8927	23841	高音 2	4463	28305
低音 3	15905	16863	中音 3	7953	23015	高音 3	3976	28792
低音 4	15013	17755	中音 4	7506	25262	高音 4	3753	29015
低音 5	13375	19393	中音 5	6687	26081	高音 5	3344	29424
低音 6	11916	20852	中音 6	5958	26810	高音 6	2979	29789
低音 7	10616	22152	中音 7	5308	27460	高音 7	2654	30114

简易乐曲演奏器将按顺序演奏完所有低音、中音及高音。每个音名演奏时间均为一拍，即 0.5s。首先由音乐节拍发生器产生要演奏的音色编码，将音色编码送入解码器，解码器将对应的音色编码解码为相应的初始值。初始值送入分频器中产生各音名对应的频率。其具体程序如例 8-1 所示。

由于每个音名演奏的时间均为 0.5s，音乐节拍发生器需要另一个时钟源产生一个频率为 2Hz 的时钟信号。

【例8-1】简易乐曲演奏器。

```vhdl
LIBRARY IEEE;
USE IEEE.STD_LOGIC_1164.ALL;
USE IEEE.STD_LOGIC_UNSIGNED.ALL;
ENTITY dou_rai IS
PORT(
  clk,clk2H:IN STD_LOGIC;
   q:OUT STD_LOGIC);
END dou_rai;
ARCHITECTURE rtl OF dou_rai IS
    SIGNAL do:STD_LOGIC_VECTOR(14 DOWNTO 0);
    SIGNAL cnt:STD_LOGIC_VECTOR(4 DOWNTO 0):="00000";
    SIGNAL ct:STD_LOGIC_VECTOR(14 DOWNTO 0):="000000000000000";
    SIGNAL mid:STD_LOGIC:='0';
BEGIN
generater:PROCESS(clk2H)
  BEGIN
IF(clk2H'EVENT AND clk2H='1')THEN
   IF(cnt="10100")THEN
     cnt<="00000";
   ELSE cnt<=cnt+"00001";
   END IF;
END IF;
END PROCESS generater;
ecorder:PROCESS(cnt)
     BEGIN
    CASE cnt IS
    WHEN "00000"=>do<="011000110111001";
    WHEN "00001"=>do<="011101001000011";
    WHEN "00010"=>do<="100000111011111";
    WHEN "00011"=>do<="100010101011011";
    WHEN "00100"=>do<="100101111000001";
    WHEN "00101"=>do<="101000101110100";
    WHEN "00110"=>do<="101011010001000";
    WHEN "00111"=>do<="101100011011100";
```

```
    WHEN "01000"=>do<="101110100100001";
    WHEN "01001"=>do<="101100111100111";
    WHEN "01010"=>do<="110001010101110";
    WHEN "01011"=>do<="110010111100001";
    WHEN "01100"=>do<="110100010111010";
    WHEN "01101"=>do<="110101101000100";
    WHEN "01110"=>do<="110110001101110";
    WHEN "01111"=>do<="110110010010001";
    WHEN "10000"=>do<="111000001111000";
    WHEN "10001"=>do<="111000101010111";
    WHEN "10010"=>do<="111001011110000";
    WHEN "10011"=>do<="111010001011101";
    WHEN "10100"=>do<="111010110100010";
    WHEN  OTHERS=>do<="111111111111111";
    END CASE;
  END PROCESS ecorder;
freq_div:PROCESS(do,clk)
  BEGIN
       IF(clk'EVENT AND clk='1')THEN
       IF(ct="111111111111111")THEN
       ct<=do;  mid<=NOT mid;
     ELSE ct<=ct+"000000000000001";
       END IF;
    END IF;
   q<=mid;
  END PROCESS freq_div;
END rtl;
```

读者可以自行在该程序上修改和添加新的功能模块，使其具有更多功能，例如，加入由人弹奏乐曲的功能。

编一个激励文件，如例 8-2 所示，提供时钟激励，可以看到输出波形的频率逐渐增高，即由低音到高音的变化。由于软件仿真时间都是纳秒级的，而节拍的时间是以秒为单位的，仿真时间太长，所以将 clk 和 clk2H 的频率都放大 1000 倍，缩短仿真时间，但是结果保持不变。该仿真结果如图 8-1 所示。

【例 8-2】 简易乐曲演奏器的激励程序。

```vhdl
LIBRARY IEEE;
USE IEEE.STD_LOGIC_1164.ALL;
USE IEEE.STD_LOGIC_UNSIGNED.ALL;
ENTITY dou_rai_tb IS
END;
ARCHITECTURE rtl OF dou_rai_tb IS
  COMPONENT dou_rai
    PORT(
      clk,clk2H:IN STD_LOGIC;
      q:OUT STD_LOGIC);
  END COMPONENT;
  SIGNAL clk:STD_LOGIC:='0';
  SIGNAL clk2H:STD_LOGIC:='0';
  SIGNAL q:STD_LOGIC;
BEGIN
  DUT:dou_rai
  PORT MAP(clk,clk2H,q);
PROCESS
  BEGIN
 WAIT FOR 9.5 ps;
    clk<=NOT clk ;
  END PROCESS;
PROCESS
  BEGIN
 WAIT FOR 0.25 us;
    clk2H<=NOT clk2H ;
  END PROCESS;
END rtl;
```

图 8-1　简易乐曲播放器仿真结果

8.2 UART 串口通信实验

先来介绍 RS232 协议，RS232 是一种电气协议，是对电气特性及物理特性的规定，作用于数据的传输通路上。逻辑 1 的电平为-3～-15V，逻辑 0 的电平为+3～+15V，注意，电平的定义反相了一次。简单 RS232 规定了电流在什么样的线路上流动和流动的方式，在 UART 中，电流被解释和组装成数据，并变成 CPU 可直接读写的形式。

通用异步收发器（universal asynchronous receiver and transmitter，UART）是串行通信的一种协议，它规定串行通信的波特率、起始/停止位、数据位、校验位等格式，以及各种异步握手信号，如图 8-2 所示。

图 8-2 UART 协议示意图

当计算机未发送数据时，串口处于空闲状态，接收端用高电平表示空闲。当计算机发送一个低电平表示起始位，起始位之后是数据位，数据发送顺序是先发送字符的低位再发送字符的高位，如图 8-2 所示。当数据发送完毕的，接一个高电平，表示停止位(在完整的协议中还增加了校验位，本次实验未用到校验位，故图 8-2 未显示）。

本次实验采用波特率为 9600bps，系统时钟为 50MHz。UART 串口通信包括两个模块，分别是接收模块和发送模块。接收模块时序图如图 8-3 所示。

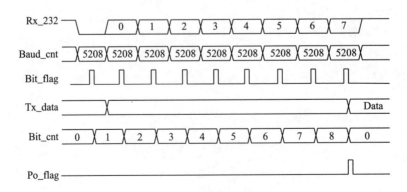

图 8-3 接收模块时序图

根据波特率的大小定义波特率计数器 Baud_cnt 的计数大小，1/9600×10^9/20≈5208。为了采到稳定有效的数据，每位均在波特率计数器计到 1/2 的时候采样。

接收模块仿真结果，如图 8-4 所示。

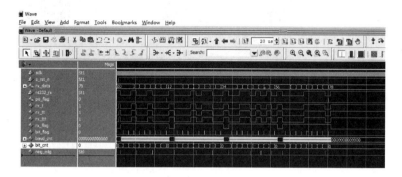

图 8-4　接收模块仿真结果

发送模块的时序图如图 8-5 所示。

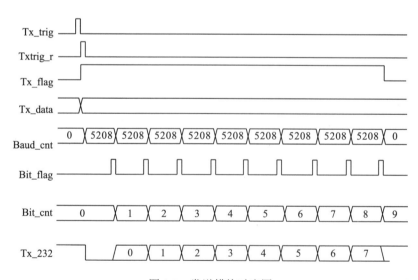

图 8-5　发送模块时序图

发送模块同样通过波特率计数器来控制采样时刻，当波特率计数器计数到最大值时采样。

发送模块仿真结果如图 8-6 所示。

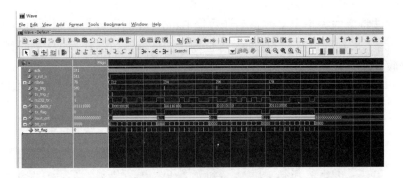

图 8-6 发送模块仿真结果

本次实验在上板时采用回环设计,即输入 FPGA 的数据当作发送给 PC 的输入数据,上板具体实验步骤详见第 3 章。接收模块代码如例 8-3 所示。

【例 8-3】
接收模块代码

```
module uart_rx(
    rs232_rx,
    sclk,
    s_rst_n,
    rx_data,
    po_flag);
    input rs232_rx   ;
    input sclk       ;
    input s_rst_n    ;
    output rx_data   ;
    output po_flag   ;
    reg rx_t         ;
    reg rx_tt        ;
    reg rx_ttt       ;
    reg rx_flag      ;
    reg bit_flag     ;
    reg [12:0]baud_cnt ;
    reg [3:0]bit_cnt ;
    reg [7:0]rx_data ;
    reg po_flag      ;
    wire neg_edg     ;
```

```verilog
    parameter BAUD_END = 5207 ;
    parameter BIT_END  = 8 ;
//rx跨时钟域处理
always@(posedge sclk or negedge s_rst_n)
 begin
  if(!s_rst_n)
  begin
   rx_t<=1'b0;
   rx_tt<=1'b0;
   rx_ttt<=1'b0;
  end
  else
  begin
   rx_t<=rs232_rx;
   rx_tt<=rx_t;
   rx_ttt<=rx_tt;
  end
 end
assign neg_edg=rx_ttt&(~rx_tt);
always@(posedge sclk or negedge s_rst_n)
 begin
  if(!s_rst_n)
   rx_flag<=1'b0;
  else if(neg_edg)
   rx_flag<=1'b1;
  else if(baud_cnt==BAUD_END&&bit_cnt==4'd0)
   rx_flag<=1'b0;
 end
always@(posedge sclk or negedge s_rst_n)
 begin
  if(!s_rst_n)
   baud_cnt<=13'd0;
  else if(baud_cnt==BAUD_END)
   baud_cnt<=13'd0;
  else if(rx_flag)
```

```verilog
      baud_cnt<=baud_cnt+1'b1;
    end
always@(posedge sclk or negedge s_rst_n)
 begin
   if(!s_rst_n)
    bit_flag<=1'd0;
   else if(baud_cnt==(BAUD_END-'d3)/2)
    bit_flag<=1'b1;
   else
    bit_flag<=1'b0;
    end
always@(posedge sclk or negedge s_rst_n)
 begin
   if(!s_rst_n)
    bit_cnt<=4'd0;
   else if(bit_flag)
    begin
     if(bit_cnt==4'd8)
    bit_cnt<=4'd0;
     else
    bit_cnt<=bit_cnt+1'b1;
    end
    end
always@(posedge sclk or negedge s_rst_n)
 begin
   if(!s_rst_n)
    rx_data<=8'd0;
   else if(bit_cnt>=4'd1&&bit_flag==1'b1)
    rx_data<={rx_ttt,rx_data[7:1]};
   end
always@(posedge sclk or negedge s_rst_n)
 begin
   if(!s_rst_n)
    po_flag<=1'b0;
   else if(bit_cnt==BIT_END&&bit_flag)
```

```verilog
      po_flag<=1'b1;
    else
      po_flag<=1'b0;
  end
endmodule
```
发送模块代码
```verilog
module uart_tx(
    sclk,
    s_rst_n,
    rs232_tx,
    tx_trig,
    rdata
    );
input   sclk    ;
input   s_rst_n ;
input   [7:0]rdata  ;
input   tx_trig ;
reg     tx_trig_r  ;
output     rs232_tx ;
reg     [7:0]tx_data_r;
reg     tx_flag ;
reg     [12:0]baut_cnt;
reg     [3:0]bit_cnt ;
reg     bit_flag ;
reg     rs232_tx ;
parameter BAUD_END = 5207;
parameter BIT_END = 8;
always@(posedge sclk or negedge s_rst_n)
 begin
  if(!s_rst_n)
    tx_trig_r<=1'b0;
  else
    tx_trig_r<=tx_trig;
  end
//tx_data
```

```verilog
always@(posedge sclk or negedge s_rst_n)
  begin
   if(!s_rst_n)
    tx_data_r<=8'd0;
    else if(tx_trig_r&&tx_flag)
     tx_data_r<=rdata;
   end
//tx_flag
always@(posedge sclk or negedge s_rst_n)
  begin
   if(!s_rst_n)
    tx_flag<=1'b0;
    else if(tx_trig)
    tx_flag<=1'b1;
    else if(bit_flag==1'b1&&bit_cnt==4'd8)
    tx_flag<=1'b0;
    end


//baut_cnt
always@(posedge sclk or negedge s_rst_n)

   begin
    if(!s_rst_n)
    baut_cnt<='d0;
     else if(baut_cnt==BAUD_END)
    baut_cnt<='d0;
     else if(tx_flag)
    baut_cnt<=baut_cnt+1'b1;
     else
    baut_cnt<='d0;
    end

//bit_flag
always@(posedge sclk or negedge s_rst_n)
  begin
```

```verilog
      if(!s_rst_n)
       bit_cnt<=4'd0;
      else if(bit_cnt==4'd9)
       bit_cnt<=4'd0;
      else if(bit_flag)
       bit_cnt<=bit_cnt+1'b1;
     end

//bit_flag
always@(posedge sclk or negedge s_rst_n)
  begin
   if(!s_rst_n)
    bit_flag<=1'b0;
   else if(baut_cnt==BAUD_END)
    bit_flag<=1'b1;
   else
    bit_flag<=1'b0;
   end

//rs232_tx
always@(posedge sclk or negedge s_rst_n)
  begin
   if(!s_rst_n)
   rs232_tx<=1'b1;
    else if(tx_flag)
     case(bit_cnt)
      4'd0: rs232_tx<=1'b0;
      4'd1: rs232_tx<=tx_data_r[0];
      4'd2: rs232_tx<=tx_data_r[1];
      4'd3:  rs232_tx<=tx_data_r[2];
      4'd4: rs232_tx<=tx_data_r[3];
      4'd5:  rs232_tx<=tx_data_r[4];
      4'd6: rs232_tx<=tx_data_r[5];
      4'd7:  rs232_tx<=tx_data_r[6];
      4'd8: rs232_tx<=tx_data_r[7];
```

```verilog
        default: rs232_tx<=1'b1;
      endcase
    else
      rs232_tx<=1'b1;
    end
endmodule
```

顶层文件代码

```verilog
module top_uart(
    sclk,
    s_rst_n,
    rs232_tx,
    rs232_rx
    );
  input  sclk;
  input  s_rst_n;
  input  rs232_rx;
  output rs232_tx;
  wire [7:0]rx_data;
  wire po_flag;
  uart_rx    uart_rx_inst(
    .rs232_rx   (rs232_rx ),
    .sclk      (sclk    ),
    .s_rst_n   (s_rst_n ),
    .rx_data   (rx_data ),
    .po_flag   (po_flag )
  );
  uart_tx uart_tx_inst(
    .sclk    (sclk   ),
    .s_rst_n    (s_rst_n ),
    .rdata     (rx_data ),
    .tx_trig    (po_flag ),
    .rs232_tx   (rs232_tx )
  );
Endmodule
```

8.3 基于 FIFO 的串口发送机设计

本实验实现如下功能：首先 PLL 产生频率为 50MHz 的时钟信号，然后每隔 1s 产生一个递增的 8 位数，并发送高电平触发写使能信号，写入 FIFO。一旦 FIFO 不为空，则启动串口发送过程，产生读使能信号，把数据从 FIFO 发送出去。图 8-7 为本实验 RTL 图。

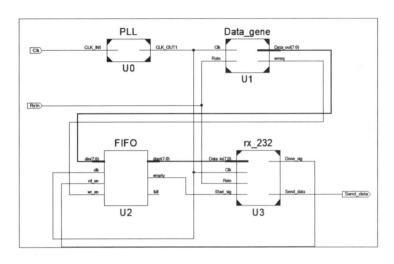

图 8-7 基于 FIFO 的串口发送机 RTL 图

PLL 模块：在 ISE 中调用 IP 产生 PLL 模块。其例化模型如下：

```
PLL U0(
 .CLK_IN1   (Clk  ),
 .CLK_OUT1  (clk_50M ),
 );
```

Data_gene 模块：每隔 1s 产生一个递增的 8 位数，并发送写使能信号。其程序如下：

```
module Data_gene(Clk,Rstn,wrreq,Data_out);
input Clk,Rstn         ;
output wrreq           ;
output [7:0] Data_out  ;
parameter T1s=26'd49_999_999 ;
```

```
reg [25:0] I       ;
reg [7:0] Data     ;
reg wrreq          ;
always@(posedge Clk or negedge Rstn)
if(!Rstn)
begin
 Data<=1'b0;
 wrreq<=1'b0;
    end
else if(i==T1s)
    begin
 wrreq<=1'b1;
 i<=1'b0;
 Data<=Data+1'b1;
    end
else
    begin
 i<=i+1'b1;
 wrreq<=1'b0;
    end
assign Data_out=Data;
endmodule
```

其例化模型如下：

```
Data_gene U1(
    .Clk      (clk_50M ),
    .Data_out (Data_out ),
    .Rstn     (Rstn ),
    .wrreq    (wrreq )
);
```

FIFO 模块：在 ISE 中调用 IP 产生 FIFO 模块。其例化模型如下：

```
FIFO U2(
  .clk      (clk_50M ),
  .din      ( Data_out ),
 .rd_en     ( Done_sig ),
 .wr_en     (wrreq ),
```

```
      .empty   ( Start_sig ),
      .dout    ( Data_in  )
);
```

rx_232 模块：FIFO 的空信号为低电位时此模块开始工作。这里使用的是 RS232 通信方式，即通信之前计算机和开发板要设定相同的波特率。由 7.4 节可知，计算机发送数据时要先发送一个起始位，一般是低电平，后面跟着的是 8 位数据位、奇偶校验位、停止位。最后数据接收完毕返回一个信号使 FIFO 模块可以继续发送下一个数据。其程序如下：

```
 module rx_232(Clk,Rstn,Data_in,Start_sig,Done_sig,Send_data);
input Clk,Rstn,Start_sig;
input [7:0] Data_in;
output Done_sig,Send_data;
reg isDone,Send_out;
parameter Bit/s_9600=13'd5208;     //设置波特率
reg [12:0] count;
always@(posedge Clk or negedge Rstn)
if(!Rstn)
  count<=1'b0;
else if(!Start_sig)
  if(count==Bit/s_9600)
  count<=1'b0;
  else
  count<=count+1'b1;
else
  count<=1'b0;
reg [3:0] i;
always@(posedge Clk or negedge Rstn)
if(!Rstn)
begin
  i<=1'b0;
  Send_out<=1'b0;
  isDone<=1'b0;
end
else
```

```verilog
       case(i)
        0:if(count==Bit/s_9600) i<=i+1'b1;
             else Send_out<=1'b1;
        1:if(count==Bit/s_9600) i<=i+1'b1;       //起始位
             else Send_out<=1'b0;
        2,3,4,5,6,7,8,9:
          if(count==Bit/s_9600) i<=i+1'b1;       //数据位
             else Send_out<=Data_in[i-2];
        10:if(count==Bit/s_9600) i<=i+1'b1;      //检查位
             else Send_out<=1'b0;
        11:if(count==Bit/s_9600) i<=i+1'b1;      //结束位
             else Send_out<=1'b1;
        12:begin isDone<=1'b1;i<=i+1'b1;end
        13:begin isDone<=1'b0;i<=1'b0;end
       endcase
assign Done_sig=isDone;
assign Send_data=Send_out;
endmodule
```

其例化模块如下：

```verilog
rx_232 U3(
    .Clk       (clk_50M ),
    .Rstn      (Rstn ),
    .Data_in   (Data_in ),
    .Start_sig (Start_sig ),
    .Done_sig  (Done_sig ),
    .Send_data (Send_data )
);
```

最后综上可得顶层模块，程序如下：

```verilog
module top(Clk,Rstn,Send_data);
input Clk,Rstn;
output Send_data;
wire clk_50M;
wire wrreq;
wire [7:0] Data_out;
PLL U0(
```

```verilog
    .CLK_IN1   (Clk  ),
    .CLK_OUT1  (clk_50M )
    );
Data_gene U1(
    .Clk       (clk_50M ),
    .Data_out  (Data_out ),
    .Rstn      (Rstn ),
    .wrreq     (wrreq )
);
wire Done_sig,Start_sig ;
wire [7:0]Data_in ;
FIFO U2(
    .clk      (clk_50M ),
    .din      ( Data_out ),
    .rd_en    ( Done_sig ),
    .wr_en    ( wrreq ),
    .empty    ( Start_sig ),
    .dout     ( Data_in )
);
rx_232 U3(
    .Clk       (clk_50M ),
    .Rstn      (Rstn ),
    .Data_in   (Data_in ),
    .Start_sig (Start_sig ),
    .Done_sig  (Done_sig ),
    .Send_data (Send_data )
);
Endmodule
```

第 9 章　FPGA 应用设计进阶

前面的章节介绍了 FPGA 原理、硬件描述语言、IP 核调用及基础实验和系统实验。通过对前面章节的学习，读者可以基本掌握使用 FPGA 进行一些数字电路设计的方法。但是在实际工程中，会面临更多的问题。本章将以基本时序电路为出发点，从高速设计及时钟可靠设计两个方面展开，针对实际工程中的问题进行讲解。

9.1　时序电路回顾

常见的数字电路系统通常包含时序逻辑(sequential logic)，而时序逻辑的设计往往离不开触发器(flip-flop)和锁存器(latch)。触发器为边沿触发(edge-triggered)，每当时钟有效沿来临时，输出随输入变化。锁存器为电平敏感(level-sensitive)，只要时钟电平为有效电平，输出始终随输入的变化而变化。在数字电路中，由于使用锁存器设计分析难度较大，所以主要采用触发器进行设计。当然，在某些特殊情况下锁存器可以起到画龙点睛的作用，但是在常见设计中不提倡使用。在 FPGA 中，常见触发器类型为 D 触发器，因此本章所有分析都将基于 D 触发器。

9.1.1　触发器常用时序参数

触发器由两个级联的锁存器构成，在前面的章节中，默认在时钟有效沿来临时输出随输入变化，但是从来没有考虑过其触发条件。在实际设计电路的过程中，想要输出准确建立，要求输入信号满足一定条件，即满足一定的时间参数。本小节将介绍常用的三个时间参数——建立时间 T_{setup}、保持时间 T_{hold} 及数据输出延迟时间 T_{c2q}。

图 9-1 所示为一个上升沿触发的 D 触发器时序图。如图 9-1 所示，如果要求输出结果能够正确建立，有以下两个时间参数要求：

(1)在时钟有效沿到来之前，输入要求在一定时间内保持稳定。该时间称为建立时间 T_{setup}；

(2) 在时钟有效沿到来之后，输入要求在一段时间内继续保持稳定，该时间称为保持时间 T_{hold}。

满足这两个时间参数为触发器正确输出的必要条件，任一条件不满足都会导致触发器输出在短时间内进入亚稳态，随后变为不可预测的高电平或者低电平。这两个时间参数由触发器的制造工艺及内部电路结构确定。

同时，对于触发器来说，当时钟有效沿到来时，输出往往不是立刻变化的，而是推后一段时间，该时间称为 T_{c2q}。

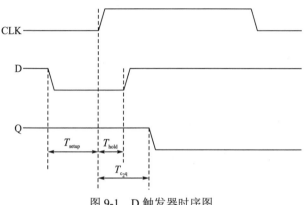

图 9-1　D 触发器时序图

9.1.2 时序电路工作条件

在介绍完触发器的常见时序参数后，本小节开始讨论时序电路的工作条件。由于在 FPGA 设计中，主要使用的触发器为 D 触发器，所以可以将基于 FPGA 的时序电路分解为组合逻辑和 D 触发器两部分。在这里，引入三个时间参数：组合逻辑延迟 (combinational logic delay) T_{ld}、传输导线延迟 (propagation delay) T_{pd} 及时钟周期 T_{clk}。因此，可以将绝大多数时序电路的一个支路简化为图 9-2 所示电路。

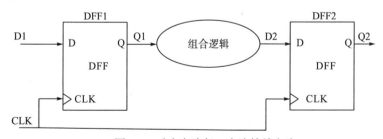

图 9-2　时序电路任一支路等效电路

因此，现在关心的问题就转化为数据从 DFF1 出发，经过组合逻辑处理后到达 DFF2 时，DFF2 能够将正确数据从 Q2 端口输出所需要满足的条件。

首先，关注建立时间。假设两个 D 触发器均为上升沿有效触发器且 DFF1 可以正常工作，则在第一个时钟上升沿到来后，数据到达 D2 所需时间由两部分构成：数据输出延迟 T_{c2q}、组合逻辑延迟 T_{ld} 及传输导线延迟 T_{pd}。因此，从第一个时钟上升沿开始，数据到达 D2 的总延迟为 $T_{c2q} + T_{ld} + T_{pd}$。

同时，由于 DFF2 正常工作的条件为第二个时钟上升沿到来前，D2 处数据保持一个 T_{hold} 的时间，所以两个时钟上升沿之间的时间间隔，即时钟周期需满足的条件为

$$T_{clk} \geq T_{c2q} + T_{ld} + T_{setup};$$

即，时钟频率最高为

$$f_{clk} = \frac{1}{(T_{c2q} + T_{ld} + T_{pd} + T_{setup})};$$

考虑建立时间后，开始考虑保持时间。第二个时钟周期到来与第一个时钟周期相同，新的数据到达 D2 处所需时间依然由数据输出延迟、组合逻辑延迟以及传输导线延迟构成，所需时间相同。但是在新数据到达 D2 前，原来的数据依然要至少保持一个 T_{hold} 的时间，以确保数据 Q2 正确建立。因此，需满足以下条件：

$$T_{hold} \leq T_{c2q} + T_{ld} + T_{pd};$$

因此，对于任意时序电路，其能够正确工作的条件为：
对于电路内任意触发器，满足

$$T_{clk} \geq T_{c2q} + T_{ld} + T_{pd} + T_{setup};$$
$$T_{hold} \leq T_{c2q} + T_{ld} + T_{pd};$$

9.2 高速设计

通过 9.1 节的分析可以知道，限制时序电路运行频率的因素有数据输出延迟 T_{c2q}、组合逻辑延迟 T_{ld}、传输导线延迟 T_{pd} 及建立时间 T_{setup}。在使用 FPGA 进行电路设计时，由于触发器都是已经设计好的，所以无法改变数据输出延迟 T_{c2q} 及建立时间 T_{setup}。因此，主要的方向是减少组合逻辑延迟 T_{ld} 及传输导线延迟 T_{pd}。在本节中，将介绍两种设计方法分别对逻辑延迟和传输导线延迟进行优化。

9.2.1 流水线技术

在 9.1 节的分析中不难得知，较大的组合逻辑延迟会导致时序电路的极限工作频率下降，因此在设计电路的过程中需要尽量避免产生过大的组合逻辑电路模

块。但是对于某些较为复杂的运算,组合逻辑延迟很难继续优化,此时就需要引入流水线技术。

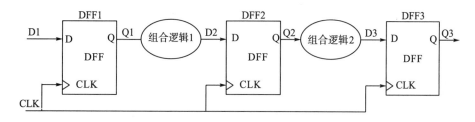

图 9-3　流水线示意图

如图 9-3 所示,该电路是针对图 9-2 所示电路进行的两级流水线优化。图 9-3 所示电路通过在原有组合逻辑中添加一级 D 触发器,将一个大的组合逻辑分割为两个较小的组合逻辑,这样就可以减小每一块组合逻辑的延迟,提高电路极限工作频率。在实际电路设计中,如果组合逻辑较大,可以引入多级流水以提高运算速度。相较于无流水线电路,引入流水线技术设计的电路组合逻辑延迟更低、极限工作频率更高,但是也引入了以下两个问题:

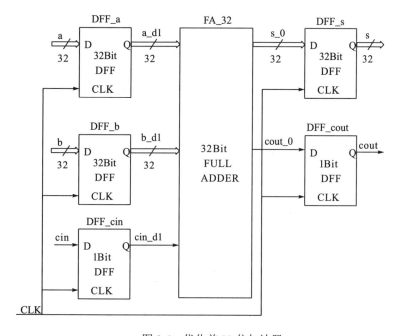

图 9-4　优化前 32 位加法器

(1) 对于引入 n 级流水线的电路，由于多引入了 n 级触发器，该支路每组输入数据的运算结果都将延迟 n 个时钟周期才进行输出。因此，为了避免后级电路的运算出错，所有同级支路都应加入 n 级触发器以进行时序对齐。

(2) 数字电路的功耗以动态功耗为主，流水线技术会导致实现同样功能的同时，电路内部触发器数量大大增加。这不仅导致 FPGA 资源占用大大增加，也导致电路功耗大大上升。

下面将以 32 位加法器为例，进行流水线设计。

【例 9-1】 流水线技术使用。

首先，给出优化前 32 位加法器电路图，如图 9-4 所示，a、b 分别为两个加数，s 为运算结果，cin 为进位输入，cout 为进位输出，FA_32 为组合逻辑的 32 位加法器模块。

一方面，加法器往往是在大型设计中使用，另一方面只有在触发器之间的组合电路才需要优化，同时，数字电路系统的输入输出管脚往往不直接与组合逻辑相连，所以在该电路输入输出端口添加了触发器。VHDL 代码如下：

```vhdl
library IEEE;
use IEEE.STD_LOGIC_1164.all;
use IEEE.STD_LOGIC_UNSIGNED.all;

entity FA_32 is
  port(
    cin : in STD_LOGIC;
    clk : in STD_LOGIC;
    a : in STD_LOGIC_VECTOR(31 downto 0);
    b : in STD_LOGIC_VECTOR(31 downto 0);
    cout : out STD_LOGIC;
    s : out STD_LOGIC_VECTOR(31 downto 0)
    );
end FA_32;

architecture rtl of FA_32 is
signal a_d1 : STD_LOGIC_VECTOR(31 downto 0);
signal b_d1 : STD_LOGIC_VECTOR(31 downto 0);
signal cin_d1 : STD_LOGIC;
signal a_33 : STD_LOGIC_VECTOR(32 downto 0);
signal b_33 : STD_LOGIC_VECTOR(32 downto 0);
```

```vhdl
signal s_33 : STD_LOGIC_VECTOR(32 downto 0);
begin

process( clk )
begin
  if ( clk'event and clk='1' ) then
    a_d1<=a;
  b_d1<=b;
  cin_d1<=cin;
  s_33<=a_33+b_33+cin_d1;
    end if;
end process;

a_33<='0'&a_d1;
b_33<='0'&b_d1;
s<=s_33(31 downto 0);
cout<=s_33(32);

end rtl
```

使用 ISE 进行综合后可以查看不同的电路支路延迟，如图 9-5 所示。具体方法详见 ISE 使用。

Name	Slack	From	To	Total Delay	Logic Delay	Net %	Stages	Source Clock	Destination Clock
⊟ Constrained (2)									
⊟ TS_clk = PERIOD TIMEGRP "clk" 3.3 ns HIGH 50%: (9)									
Path 4	-6.977	a_d1_1	s_33_17	10.087	4.028	60.1	20	clk_BUFGP	clk_BUFGP
Path 5	-6.976	a_d1_1	s_33_13	10.086	3.935	61.0	16	clk_BUFGP	clk_BUFGP
Path 1	-6.986	a_d1_9	s_33_17	10.098	3.842	62.0	12	clk_BUFGP	clk_BUFGP
Path 8	-6.918	a_d1_9	s_33_18	10.030	3.811	62.0	13	clk_BUFGP	clk_BUFGP
Path 3	-6.985	a_d1_9	s_33_13	10.097	3.749	62.9	8	clk_BUFGP	clk_BUFGP
Path 2	-6.985	b_d1_12	s_33_17	10.132	3.740	63.1	9	clk_BUFGP	clk_BUFGP
Path 9	-6.917	b_d1_12	s_33_18	10.064	3.709	63.1	10	clk_BUFGP	clk_BUFGP
Path 6	-6.959	a_d1_6	s_33_13	10.070	3.687	63.4	11	clk_BUFGP	clk_BUFGP
Path 7	-6.920	b_d1_17	s_33_18	10.067	3.606	64.2	5	clk_BUFGP	clk_BUFGP

图 9-5 32 位加法器时序报告

由图 9-5 可以看到，该电路在时钟周期约束为 3.3ns 情况下大量支路无法正常工作，最大延迟为 10.132ns，最大逻辑延迟为 4.028ns。系统最高运行频率低于 100MHz。

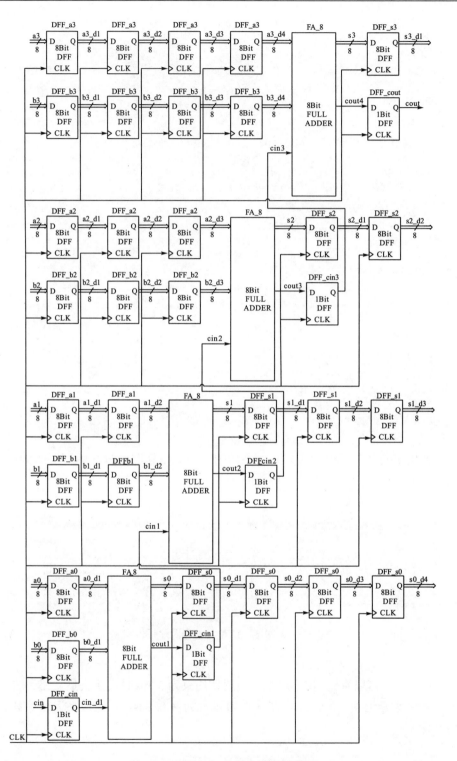

图 9-6 四级流水 32 位加法器示意图

由于延迟过高，选择使用流水线进行电路优化，电路示意图见图9-6。a0、a1、a2、a3分别为加数a的低八位、次低八位、次高八位及高八位；b0、b1、b2、b3分别为加数b的低八位、次低八位、次高八位及高八位；s0_d4、s1_d3、s2_d2、s3_d1分别为输出s的低八位、次低八位、次高八位及高八位；cout为进位输出。FA_8为组合逻辑的8位加法器。a0、b0与cin相加后产生的进位输出cout1经过一级D触发器作为a1、b1相加的进位输入cin1；a1、b1与cin1相加后产生的进位输出cout2经过一级D触发器作为a2、b2相加的进位输入cin2，依此类推。相较于图9-4所示电路，除进位逻辑处触发器为流水线外，多增加的触发器均用做时序对齐，以确保运算结果正确。

VHDL代码实现如下：

1. 8位全加器FA_8代码

```vhdl
library IEEE;
use IEEE.STD_LOGIC_1164.all;
use IEEE.STD_LOGIC_UNSIGNED.all;

entity FA_8 is
  port(
    cin : in STD_LOGIC;
    a : in STD_LOGIC_VECTOR(7 downto 0);
    b : in STD_LOGIC_VECTOR(7 downto 0);
    cout : out STD_LOGIC;
    s : out STD_LOGIC_VECTOR(7 downto 0)
    );
end FA_8;

architecture rtl of FA_8 is
signal a_8 : STD_LOGIC_VECTOR(8 downto 0);
signal b_8 : STD_LOGIC_VECTOR(8 downto 0);
signal s_8 : STD_LOGIC_VECTOR(8 downto 0);
begin
 a_8<='0'&a;
 b_8<='0'&b;
 s_8<=a_8+b_8+cin;
 s<=s_8(7 downto 0);
```

```
   cout<=s_8(8);
end rtl;
```

2. 四级流水 32 位全加器代码

```
library IEEE;
use IEEE.STD_LOGIC_1164.all;

entity FA_32_PL is
  port(
    cin : in STD_LOGIC;
    clk : in STD_LOGIC;
    a : in STD_LOGIC_VECTOR(31 downto 0);
    b : in STD_LOGIC_VECTOR(31 downto 0);
    cout : out STD_LOGIC;
    s : out STD_LOGIC_VECTOR(31 downto 0)
      );
end FA_32_PL;

architecture rtl of FA_32_PL is
signal cin_d1, cout1, cin1, cout2, cin2, cout3, cin3, cout4 : STD_LOGIC;
signal a0_d1 : STD_LOGIC_VECTOR(7 downto 0);
signal a1_d1, a1_d2 : STD_LOGIC_VECTOR(7 downto 0);
signal a2_d1, a2_d2, a2_d3 : STD_LOGIC_VECTOR(7 downto 0);
signal a3_d1, a3_d2, a3_d3, a3_d4 : STD_LOGIC_VECTOR(7 downto 0);
signal b0_d1 : STD_LOGIC_VECTOR(7 downto 0);
signal b1_d1, b1_d2 : STD_LOGIC_VECTOR(7 downto 0);
signal b2_d1, b2_d2, b2_d3 : STD_LOGIC_VECTOR(7 downto 0);
signal b3_d1, b3_d2, b3_d3, b3_d4 : STD_LOGIC_VECTOR(7 downto 0);
signal s3, s3_d1 : STD_LOGIC_VECTOR(7 downto 0);
signal s2, s2_d1, s2_d2 : STD_LOGIC_VECTOR(7 downto 0);
signal s1, s1_d1, s1_d2, s1_d3 : STD_LOGIC_VECTOR(7 downto 0);
signal s0, s0_d1, s0_d2, s0_d3, s0_d4 : STD_LOGIC_VECTOR(7 downto 0);
component FA_8
  port (
    cin : in STD_LOGIC;
```

```vhdl
        a : in STD_LOGIC_VECTOR(7 downto 0);
        b : in STD_LOGIC_VECTOR(7 downto 0);
        cout : out STD_LOGIC;
        s : out STD_LOGIC_VECTOR(7 downto 0)
    );
end component;
begin

    process( clk )
    begin
        if ( clk'event and clk='1' ) then
          a0_d1<=a(7 downto 0);
      a1_d1<=a(15 downto 8);   a1_d2<=a1_d1;
      a2_d1<=a(23 downto 16);  a2_d2<=a2_d1;  a2_d3<=a2_d2;
      a3_d1<=a(31 downto 24);  a3_d2<=a3_d1;  a3_d3<=a3_d2;  a3_d4<=a3_d3;
      b0_d1<=b(7 downto 0);
      b1_d1<=b(15 downto 8);   b1_d2<=b1_d1;
      b2_d1<=b(23 downto 16);  b2_d2<=b2_d1;  b2_d3<=b2_d2;
      b3_d1<=b(31 downto 24);  b3_d2<=b3_d1;  b3_d3<=b3_d2;  b3_d4<=b3_d3;
      s3_d1<=s3;
      s2_d1<=s2;  s2_d2<=s2_d1;
      s1_d1<=s1;  s1_d2<=s1_d1;  s1_d3<=s1_d2;
      s0_d1<=s0;  s0_d2<=s0_d1;  s0_d3<=s0_d2;  s0_d4<=s0_d3;
      cin_d1<=cin; cin1<=cout1; cin2<=cout2; cin3<=cout3; cout<=cout4;
         end if;
    end process;

    s<=s3_d1 & s2_d2 & s1_d3 & s0_d4;

    u0:FA_8
    port map ( cin=>cin_d1, a=>a0_d1, b=>b0_d1, cout=>cout1, s=>s0);

    u1:FA_8
    port map ( cin=>cin1, a=>a1_d2, b=>b1_d2, cout=>cout2, s=>s1);
```

```
u2:FA_8
port map ( cin=>cin2, a=>a2_d3, b=>b2_d3, cout=>cout3, s=>s2);

u3:FA_8
port map ( cin=>cin3, a=>a3_d4, b=>b3_d4, cout=>cout4, s=>s3);

end rtl;
```

在 ISE 中进行物理实现后时序报告如图 9-7 所示。

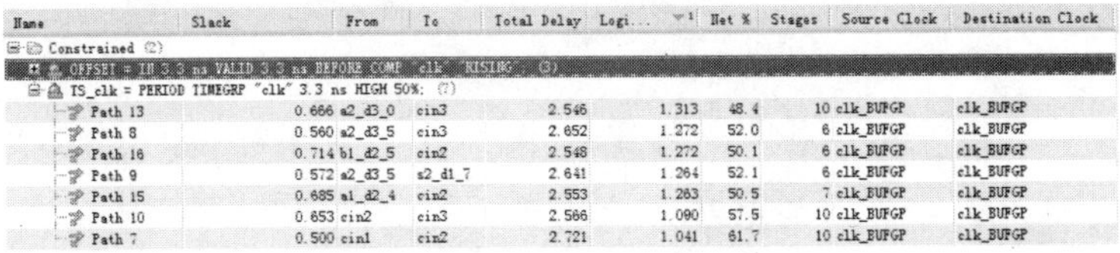

Name	Slack	From	To	Total Delay	Logi...	Net %	Stages	Source Clock	Destination Clock
Constrained (2)									
OFFSET = IN 3.3 ns VALID 3.3 ns BEFORE COMP clk RISING (0)									
TS_clk = PERIOD TIMEGRP "clk" 3.3 ns HIGH 50% (7)									
Path 13	0.666	a2_43_0	cin3	2.546	1.313	48.4	10	clk_BUFGP	clk_BUFGP
Path 8	0.560	a2_43_5	cin3	2.652	1.272	52.0	6	clk_BUFGP	clk_BUFGP
Path 16	0.714	b1_d2_5	cin2	2.548	1.272	50.1	6	clk_BUFGP	clk_BUFGP
Path 9	0.572	a2_43_5	s2_d1_7	2.641	1.264	52.1	6	clk_BUFGP	clk_BUFGP
Path 15	0.685	a1_d2_4	cin2	2.953	1.263	50.5	7	clk_BUFGP	clk_BUFGP
Path 10	0.653	cin2	cin3	2.566	1.090	57.5	6	clk_BUFGP	clk_BUFGP
Path 7	0.500	cin1	cin2	2.721	1.041	61.7	10	clk_BUFGP	clk_BUFGP

图 9-7 四级流水 32 位加法器时序报告

从图 9-7 中不难看出，在时钟周期约束为 3.3ns 的情况下，全部支路都能正常工作，最大延迟为 2.721ns，最大逻辑延迟为 1.313ns。系统最高运行频率可以高于 300MHz。

9.2.2 多驱动技术

通过 9.1 节的分析，可以得知，传输导线延迟同样是影响时序电路工作频率的重要因素。与 ASIC 不同，在 FPGA 设计中，前级电路的输出并不是直接通过导线连接到后级电路的。在 FPGA 中，为了提高传输路径的可编程性，前级电路的输出往往是经过一部分开关电路到达后级电路的输入的。因此，对于 FPGA 设计，导线传输延迟也是相当可观的。如果前、后级电路在 FPGA 芯片中距离较远，那么该支路的导线传输延迟会变得很高，可以与组合逻辑延迟相比甚至高于组合逻辑延迟。对于这种情况，可以提高综合工具的优化级别，但是对于扇出过大的电路节点，效果往往不够理想。对于扇出较大的 LUT 或者触发器，其后级电路往往无法全部通过距离该 LUT 或者触发器较近的 LUT 或者触发器实现，因此会造成部分支路组合逻辑延迟过高。因此，在设计电路时，应尽量避免扇出大于 4。

针对这种情况，在 FPGA 设计中往往采用多驱动技术。多驱动是指将扇出较大的电路进行复制，生成几个完全相同的电路结构，将后级电路交给该相同的电路结构分别驱动。这样就降低了每个电路结构的扇出，减小了导线传输延迟。

9.3 时钟可靠设计

在前面的章节中，已经接触到不少设计实例，但是在设计电路时很少考虑时钟的精度及信号与时钟不同步的问题。时钟精度问题包括时钟偏移与时钟抖动，时钟不同步问题包括同时钟域设计、复位信号设计及跨时钟域问题。

9.3.1 时钟精度

在设计数字电路时，时钟信号的使用不可避免。作为整个数字系统负载最大的信号，时钟信号的精度直接决定了整个数字系统的可靠性。为了分析时钟精度对电路的影响，引入两个概念：时钟偏移（clock skew）和时钟抖动（clock jitter）。

时钟偏移是指，对于前后两级触发器，由于传输导线延迟不同，同一个时钟沿到达的时间不同。通常定义 T_{skew} 为相较于前级触发器，后级触发器同一个有效沿的延迟时间。对于常见支路，T_{skew} 通常为正值；对于反馈支路，T_{skew} 可能为负值。由于时钟偏移导致后级触发器时钟有效沿延迟 T_{skew}，所以考虑到时钟偏移后，时序电路正常工作条件变为

$$T_{clk} \geq T_{c2q} + T_{ld} + T_{pd} + T_{setup} - T_{skew};$$

$$T_{hold} \leq T_{c2q} + T_{ld} + T_{pd} - T_{skew};$$

时钟抖动是指，数字系统某节点时钟周期发生的暂时变化，即时钟周期的不稳定性。换句话说，时钟抖动即时钟有效沿到来时间的不确定性。通常定义 T_{jitter} 为时钟有效沿到来时间相较于理性情况的偏差的绝对值。对于数字电路系统，当考虑建立时间时，最不理想的情况是第一个时钟有效沿延迟一个 T_{jitter}，而第二个时钟有效沿提前一个 T_{jitter}；当考虑保持时间时，最不理想的情况是前级触发器时钟有效沿提前一个 T_{jitter}，而后级触发器时钟有效沿延迟一个 T_{jitter}。故考虑到时钟抖动后，时序电路正常工作条件变为

$$T_{clk} \geq T_{c2q} + T_{ld} + T_{pd} + T_{setup} + 2T_{jitter}$$

$$T_{hold} \leq T_{c2q} + T_{ld} + T_{pd} - 2T_{jitter}$$

综合考虑时钟偏移和时钟抖动，则时序电路正常工作的条件变为

$$T_{clk} \geq T_{c2q} + T_{ld} + T_{pd} + T_{setup} - T_{Skew} + 2T_{jitter}$$

$$T_{hold} \leq T_{c2q} + T_{ld} + T_{pd} - T_{skew} - 2T_{jitter}$$

在数字电路中，时钟信号的精度问题往往是由制造工艺偏差、互联导线偏差、环境变化等多方面因素引起的，很难完全避免。在 FPGA 中，为了提高时钟精度，

厂商通常会设计高质量全局时钟网，全局时钟网可以尽量避免时钟的抖动和偏移。在实际设计中，开发人员应尽量遵守以下两点：

（1）在对时钟进行分频、倍频时，尽量使用时钟管理器。使用 PLL 或者 DLL 可以调整时钟信号的相位、频率、占空比，能够保证时钟信号精度。

（2）尽量避免使用逻辑输出信号作为时钟信号。在 FPGA 中，开发人员自己通过逻辑电路产生的信号往往精度很差，而且未必能够通过全局时钟网，因此时钟偏移和时钟抖动会变得极为可观，甚至有可能导致系统紊乱。同时，使用这类信号作为时钟信号会给综合工具的分析带来很大压力。

9.3.2 同步设计

在前面的实验中，经常会使用时序电路，但是很少考虑时钟的同步与否。在数字电路设计中，将关于同一时钟同步的所有电路称为同一时钟域。在同一个时钟域内，所有的触发器都只伴随同一时钟进行工作，只要时钟周期满足其正常工作条件，那么系统就可以正常工作。因此，在设计电路时，为了降低设计难度、保证设计可靠性，应尽量避免产生不必要的时钟域。下面将通过一个例子进行说明。

【例 9-2】分频设计。

在该设计中，提供一个 1kHz 高精度时钟信号，要求使用 8 位线性反馈移位寄存器设计一个可以产生 100Hz 伪随机数的电路。

未优化的 VHDL 代码如下：

```vhdl
library IEEE;
use IEEE.STD_LOGIC_1164.all;
use IEEE.STD_LOGIC_UNSIGNED.all;

entity eg8_2_1 is
  port(
    clk : in STD_LOGIC;
    opt : out STD_LOGIC
    );
end eg8_2_1;

architecture rtl of eg8_2_1 is
signal cnt : STD_LOGIC_VECTOR(3 downto 0);
signal lfsr : STD_LOGIC_VECTOR(7 downto 0);
```

```vhdl
begin

  process( clk )
  begin
    if ( clk'event and clk='1' ) then
     if ( cnt>="1001" ) then
      cnt<="0000";
     else
      cnt<=cnt+1;
     end if;
    end if;
  end process;

  process( cnt )
  begin
    if ( cnt(3)'event and cnt(3)='1' ) then
     lfsr(7 downto 1)<=lfsr(6 downto 0);
     lfsr(0)<=lfsr(7) and lfsr(4) and lfsr(0);
     end if;
  end process;

  opt<=lfsr(7);

end rtl;
```

从该代码中不难看出,该电路由两部分组成,第一部分是一个模为 10 的时钟计数器,最高位 cnt(3) 可以看作时钟信号的一个 10 分频信号。第二部分是一个线性反馈移位寄存器,将 cnt(3) 作为时钟信号。由于结构比较简单,该电路在运行时并不会产生太大的问题,但是它引入了两个时钟域,一个是 clk 信号驱动的计数器所在时钟域,另一个是 cnt(3) 信号驱动的线性反馈移位寄存器所在时钟域。由前面章节的分析知道,cnt(3) 作为时钟信号,精度很差,此外,cnt(3) 信号与 clk 信号相位关系无法确定。一旦输出信号需要送到 clk 时钟域,电路会变得极为复杂(这部分电路设计会在 9.3.4 节讲解)。而线性反馈移位寄存器所在时钟域完全是由设计不合理产生的,所以完全可以避免。

改进后的设计代码如下:

```vhdl
library IEEE;
```

```vhdl
use IEEE.STD_LOGIC_1164.all;
use IEEE.STD_LOGIC_UNSIGNED.all;

entity eg8_2_2 is
  port(
    clk : in STD_LOGIC;
    opt : out STD_LOGIC
      );
end eg8_2_2;

architecture rtl of eg8_2_2 is
signal cnt : STD_LOGIC_VECTOR(3 downto 0);
signal lfsr : STD_LOGIC_VECTOR(7 downto 0);
begin

 process( clk )
 begin
    if ( clk'event and clk='1' ) then
     if ( cnt>="1001" ) then
      cnt<="0000";
     else
      cnt<=cnt+1;
     end if;
    end if;
 end process;

 process( clk, cnt )
 begin
    if ( clk'event and clk='1' ) then
       if ( cnt="0111" ) then
        lfsr(7 downto 1)<=lfsr(6 downto 0);
       lfsr(0)<=lfsr(7) and lfsr(4) and lfsr(0);
      end if;
    end if;
 end process;
```

```
opt<=lfsr(7);

end rtl;
```

从改进后的代码中可以看出,两个电路相比变化不大。改进后的电路结构中,线性反馈移位寄存器使用 clk 信号驱动,通过 cnt 信号进行使能,这样使得整个电路处于同一时钟域,电路可靠性大大提高的同时,后级电路设计难度会大幅下降。

同时,考虑到同步问题,开发人员同样应该遵循以下两个原则:

(1)尽量避免使用组合逻辑直接与输入输出管脚相连。由于输入信号有可能是非同步信号,在输入电路内部前应先经过至少一级触发器,这使得信号成为同步信号,也可以减少送到内部电路的信号毛刺。使用触发器进行信号输出主要是考虑到减少输出信号毛刺。

(2)在进行组合逻辑状态描述时注意描述完整。在描述组合逻辑状态时,如果 case 语句或 if 语句描述不完整,则会在电路中产生不同步的锁存器。这不仅导致信号不同步,产生冗余的时钟域,还会大大增加综合工具分析难度,甚至导致综合工具无法分析。

9.3.3 复位信号设计

对于常见的时序逻辑,一般要求引入复位信号以实现系统初始化,也可以在系统出错时及时复位。在前面的章节中,主要介绍了两种复位方法:同步复位和异步复位。在本小节将着重分析这两种复位方式的优缺点。

首先分析异步复位。顾名思义,异步复位就是指复位与时钟无关,只要复位信号有效电平出现,触发器就进行复位操作。

异步复位优点如下:

(1)资源占用小。在 FPGA 芯片中,D 触发器往往都直接提供异步复位端口,因此资源占用较小。

(2)不依赖时钟周期。由于异步复位与时钟无关,所以当复位信号有效电平持续时间小于一个时钟周期时,系统依旧可以正确复位。

异步复位缺点如下:

(1)抗干扰性较差。对于异步清零信号,很有可能一个小的尖峰毛刺信号就使得触发器复位,因此其抗干扰性能不理想。

(2)释放时易使触发器进入亚稳态。从前面的章节中可知,如果数据输入不满足建立、保持时间,会导致触发器进入亚稳态,复位信号亦是如此。如果复位信号在时钟有效沿到来时被释放,则会导致触发器进入亚稳态,系统工作状态不可知。

与异步复位不同，同步复位电路在时钟有效沿未到来时，即使复位信号有效，系统也不会复位。只有当时钟有效沿到来的同时复位信号有效电路内部触发器才会进行复位操作。

同步复位的优点如下：

(1) 所有信号都为同步信号，可以提高综合效率。

(2) 由于复位操作与时钟同步，可以过滤掉大量毛刺。

同步复位缺点如下：

(1) 浪费资源。由于 FPGA 内部 D 触发器不提供同步复位端口，所以电路中需要一个额外的 LUT 以实现同步复位的功能。

(2) 对复位信号要求较高。由于复位信号为同步信号，因此只有当复位信号有效电平持续时间大于一个时钟周期时才会触发复位操作。

(3) 复位时易使触发器进入亚稳态。同步复位信号通过控制 D 触发器输入端进行复位，因此当有效时钟沿到来时复位信号发生变化，可能会使 D 触发器输入信号不满足保持、建立时间，导致 D 触发器进入亚稳态。

通过上面的分析，不难发现：同步复位和异步复位都有可能使数字电路内部的触发器进入亚稳态，使得系统紊乱。因此，结合两种电路的优势，引入一种新的电路结构——异步复位、同步释放电路，如图 9-8 所示。

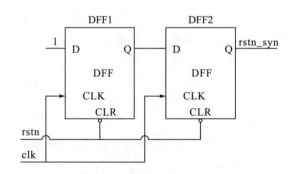

图 9-8 异步复位、同步释放电路图

如图 9-8 所示，rstn 低电平有效，DFF2 的输出 rstn_syn 用作电路内部触发器的复位信号。当 rstn 低电平到来时，DFF1、DFF2 全部复位，DFF2 输出低电平，此时内部电路触发器复位，实现异步复位功能，避免了同步复位可能造成的亚稳态问题，维持时间短于一个时钟周期的复位信号同样可以进行复位操作。rstn 信号释放后，DFF2 输出依旧保持为低电平。由于 DFF1 数据输入端恒为 1，故两个时钟有效沿后 DFF2 输出端输出高电平，完成同步释放，避免了异步释放可能造成的亚稳态问题，内部电路开始工作。由此可见，异步复位、同步释放电路最大可能地避免了亚稳态问题。

其 VHDL 代码实现如下：

```vhdl
library IEEE;
use IEEE.STD_LOGIC_1164.all;

entity rstn_sync is
  port(
    rstn : in STD_LOGIC;
    clk : in STD_LOGIC;
    rstn_syn : out STD_LOGIC
      );
end rstn_sync;

architecture rtl of rstn_sync is
signal d1, d2 : STD_LOGIC;
begin

  process( clk, rstn )
  begin
     if ( rstn='0' ) then
   d1<='0';
   d2<='0';
     elsif ( clk'event and clk='1' ) then
   d1<='1';
   d2<=d1;
     end if;
  end process;

  rstn_syn<=d2;

end rtl;
```

9.3.4 跨时钟域

在前面已经接触到时钟域的概念。在数字电路设计的过程中，应尽量避免产生冗余的时钟域，避免不同的时钟域之间进行数据交换。但是现实中不同时钟域进行数据交换往往是不可避免的。例如，在通信领域，异步接口的发送方和接收方往往是处于两个完全不同的时钟域的；在实时图像处理时，摄像头处的时钟频率、图像处理电路的时钟频率和显示器驱动电路的时钟频率也有可能各不相同。

对于两个不同的时钟域，二者时钟的频率、相位关系往往是不可预测的，因此数据传输会面临很多问题。首先，快时钟域向慢时钟域发送数据时，如果直接发送，那么快时钟域数据的维持时间往往短于慢时钟域的一个周期，因此在数据连续发送时会造成数据丢失；其次，慢时钟域向快时钟域发送数据时，由于慢时钟域数据维持时间往往大于快时钟域时钟周期，快时钟域无法判断慢时钟域是在发送同一个数据还是在发送几个相同的数据。因此，不同时钟域之间是不能够直接进行数据传输的。本小节将着重介绍不同时钟域数据传输的处理。

1. 握手信号

对于跨时钟域的数据传输，最简单的方式就是引入握手信号。通常使用的握手信号包括数据发送端的请求信号 req 和数据接收端的应答信号 ack。下面介绍握手工作流程。

(1) 数据发送端将待发送数据送上数据总线；
(2) 待数据稳定后将请求信号 req 拉至有效电平，发起数据接收请求；
(3) 数据接收端接收到有效的 req 电平后开始读取数据；
(4) 数据接收端完成数据读取后将应答信号 ack 拉至有效电平，完成应答；
(5) 数据发送端检测到有效的 ack 电平后将 req 信号拉至无效电平；
(6) 数据接收端检测到无效的 req 电平后将 ack 信号拉至无效电平，完成一次数据传输。

通过以上流程不难得知，握手信号的引入避免了数据的丢失和重复读取，但是由于每次通信只传输一组数据，使用这种方式传输数据效率并不理想。由于使用握手的方式进行数据传输所需电路结构较为简单，所以在对速度要求不高的领域仍然可以采用。

2. 异步 FIFO

由于效率限制，握手通信并不适用于对传输速度要求较高的领域，在高速电路中，更常见的往往是 FIFO。FIFO 全名为先入先出队列，是一种读、写操作都只能连续进行的存储器，而且只要 FIFO 没有被写满、读空，其读、写操作就可以同时进行，因此使用 FIFO 可以简化通信过程、提高传输效率。应用于跨时钟域数据传输的异步 FIFO 常用信号有写使能 WR_EN、写时钟 WR_CLK、写数据 DIN、FIFO 满信号 FULL、读使能 RD_EN、读时钟 RD_CLK、读数据 DOUT、FIFO 空信号 EMPTY。在跨时钟域传输数据时，FIFO 的写时钟接入数据发送端的时钟，读时钟接入数据接收端的时钟。

异步 FIFO 写入端，即数据发送端操作如下：

(1) 当满信号 FULL 无效且需要发送数据时，将写使能 WR_EN 置为有效，同时将待发送数据按时钟周期依次送到写数据 DIN 接口。

(2) 当满信号 FULL 有效时，FIFO 已写满，此时应暂停发送数据，并将写使能 WR_EN 置为无效。

(3) 当数据发送完成，无须发送数据时，将写使能 WR_EN 置为无效。

异步 FIFO 读出端，即数据接收端操作如下：

(1) 当空信号 EMPTY 无效且可以接收数据时，将读使能 RD_EN 置为有效，同时每个周期从读数据 DOUT 接口读取一个数据。

(2) 当空信号 EMPTY 有效时，FIFO 已读空，此时应暂停读取数据并将读使能 RD_EN 置为无效。

(3) 当电路内部繁忙、无法读取数据时，将读使能 RD_EN 置为无效。

通过上述介绍，可以看出，使用异步 FIFO 后与数据发送端和接收端相连的信号都不是跨时钟域信号，而且每个数据的发送只需要一个时钟周期，大大减少了时钟周期的浪费，提高了数据发送效率。

使用握手信号和异步 FIFO，可以解决不同情况下跨时钟域数据传输的问题，但是对于其他情况，对于开发人员仍有一些建议：

(1) 当某个电路结构的某输入信号为跨时钟域信号时，该信号应经过两级 D 触发器后再送入电路内部。由于跨时钟域信号所在时钟域与电路模块所在时钟域二者的时钟频率关系、相位关系无法确定，所以跨时钟域信号有可能导致内部触发器进入亚稳态。经过第一级触发器后，第一级触发器可能会进入亚稳态导致无法正确建立输出，但第一级触发器的输出信号必然是同步信号，不会导致第二级触发器进入亚稳态，保证了内部电路的可靠性。

(2) 跨时钟域发送控制信号时，应确保控制信号脉宽大于接收端时钟周期。

(3) 当跨时钟域发送连续变化的信号，如地址信号时，尽量使用格雷码编码。由于格雷码相邻的两个数据仅有一位变化，所以即便接收方第一级触发器由于进入亚稳态没有获取正确的数据，其负面影响也可以大大降低。这种编码方式在异步 FIFO 内部的 FULL 信号与 EMPTY 信号生成电路中十分常见。

参 考 文 献

[1] 王忆文, 杜涛, 谢小东, 等.2015.数字集成电路设计实验教程[M].北京: 科学出版社.

[2] 李平, 李辉, 杜涛, 等.2014.电子设计自动化技术(第二版)[M].成都:电子科技大学出版社.

[3] 潘松, 黄继业.2002.EDA 技术实用教程[M].北京: 科学出版社.

[4] 李新平, 郭勇.2002.电子设计自动化技术(电子与信息技术专业)[M].北京: 高等教育出版社.

[5] 张平华, 黄秀亮, 徐红丽,等.2016.电子设计自动化技术(Verilog HDL 版)[M].北京: 北京理工大学出版社.

[6] 李方明, 陈哲, 于洋.2008.电子设计自动化技术及应用实验教程[M]. 北京:清华大学出版社.